反倦怠能量站

刀熊 著

江苏凤凰文艺出版社
JIANGSU PHOENIX LITERATURE AND ART PUBLISHING

果麦文化 出品

前言

一个人需要始终保持亢奋高昂的状态吗？

我希望你的回答是：不需要，而且不应该。

作为一名教授组织行为学的大学老师，我工作中的一大部分内容就是在课堂上或论文里不断地探讨人的动力从何而来、如何在组织中激发出员工最大的工作热情。但我自己深知，没有任何一个正常人可以始终保持亢奋的人生状态。

事实上，总想保持高昂的干劲、总批评自己不够自律也不够努力、总被焦虑感侵袭而不允许自己松懈……这些恰恰是我们这个时代每个人都频繁感到疲惫、倦怠，甚至反复进入低迷状态的常见原因。

我们总要求自己忙起来、追上去、坚持住，我们忙于追赶一个又一个新的任务，翻越一座又一座更高的山……于是，我们自然而然地迎来了"倦怠社会"——正如韩炳哲在《倦怠社会》一书里所写的，无穷无尽的自我提升的需求、一种近乎歇斯底里的自我鞭笞和自我督促、永不停歇地向上追赶的压力，让现代人几乎没有喘息的机会，因而远离平静、幸福、满足的生活状态。

在个人空间被现代化和工业化不断挤压的时代，作为个体，我们还能做什么？

在外界标准近乎彻底攻占内心标准的时代，要如何守住自己？

当身边每天都充斥着嘈杂的噪音、不同的观点，当周遭的环境瞬息万变，我们是否还有还手之力呢？

十多年前的一个暑假，我身心疲乏，拖着两个大行李箱坐上返回国内的飞机。熬过了在美国第一年的博士学习后，终于回到国内熟悉的环境，瞬间感受到了巨大的幸福和满足。但这种感受只持续了几天，我就迅速回落到深深的焦虑、迷茫和郁闷之中。

一整个暑假，我都在认真思考要不要从博士项目里退学。那时的我经历了一年博士课程的"毒打"，有种九死一生的感觉。本以为出国留学打开了一种新的生活方式，却没想到美国社科博士的学业压力大到没时间生活。堆积如山的文献阅读任务、极为严苛的英文写作要求、没完没了的作业和助研任务、长到违反常识的工作时间，再加上第一年在国外语言和文化上的不适应，这些加起来，让我深深怀疑自己，也怀疑人生。

暑假结束后，我拖着行李重新返回美国的校园。我内心已决定：再尝试最后一个学期，如果一学期后依然如此艰难，就果断退学。

然而，当我拿出破釜沉舟的状态，彻底放弃"好学生"的人设后，却体验到了一种神奇的转变：我忽然开始能理解课堂上老师在讲什么和为什么讲这些枯燥的东西，开始在课堂上享受参与讨论的过程，不再为了每周都要上交的反馈论文抓耳挠腮，也有了闲暇和娱乐时间，能体会到留学生的乐趣。于是，那个学期很顺利地就度过了。

此后的博士生涯虽然不断地冒出新的挑战，但学习新知识和做科研所带来的兴奋感、成就感，以及做研究本身的乐趣和喜悦都不断地冒出来，成为对我的"奖赏"。我再没想过退学的事，终于在几年之后顺利毕业了。

多年以后的今天，我仍然经常想起那个慌张、失落、迷茫的暑假——当时到底发生了什么，使得我在重新返回学校后出现了状态上巨大的转变？除了在暑假里得到了充分休息，是什么改变了我的心态？为什么在此前我拖延、焦虑、自我怀疑、不堪重负，而重新返回学校，却仿佛打通了任督二脉，立刻在学术上开了窍？

网球教练、作家提摩西·加尔韦发现，你越是告诉运动员他们该怎么"努力"，他们在行动上就越不利索。

告诉运动员要"快一点""狠一点""手抬高一点""腰部用力"……好，运动员都听到了。可是当他们满脑子充斥着这些指示、要求、命令的时候，在赛场上反倒表现得更糟糕了，因为他们无法百分之百地投入到比赛之中。他们每做出一个动作，都伴随着脑中一堆的评判之声。

加尔韦依此而指出了人在行动中出现的两个自我："自我1"是那个负责管控和发号施令的自我，而"自我2"是那个无意识的、基于神经系统的、自主行动的自我。"自我1"总在告诉"自我2"该做什么、该怎么做、哪里没做好；然而，任何人如果想要进入良好的表现，都需要关闭"自我1"的评判声音，让"自我2"得以尽情发挥。

这像不像我们很多人在日常生活里经常感受到的自我拉扯？

"自我1"总是在说："快去干活！哎呀，真笨！你又做错了！应该这样做，不是那样做！"

"自我2"无奈摊手："我都听见了，我都照做了，但越听越不会了，越听越讨厌自己了……"

更糟糕的是，"自己对自己的要求"也可能引起人的逆反心理，损伤自我效能。

"我都知道该做什么、该怎么做，可我就是不想做。"

"我越不去做，越看不起自己，就越需要管教和责骂自己。"

"自我管教的声音越大，我就越不想做，也越不相信我自己。"

……

这种恶性循环，慢慢地会带来一种对自己失望、感受不到动力、既不满意现状也不想努力的低迷状态。

在这种情况下，"努力"和"上进"可能成为新的陷阱。

"自我1"精通努力的重要性和方法论，整天规训着"自我2"的行动。然而当"自我1"过于强大，当管控和规训的声音过于强烈，"自我2"的自主性就会被反噬，甚至摧毁个人本身具有的能量和天赋。

用这个思路来看我当年那个几乎退学的时刻以及其后的变化，似乎就很能解释得通。

第一年的博士学习里，我时时刻刻用脑中的各种标准来强行要求自己努力：你要勤奋、你要早起、你不能输给美国人、你要所有功课都拿A、你要永远让导师满意、你不能在任何地方犯错……

而现实是，我当然会犯错，当然会有不足，当然不可能让所有人满意。于是自我批判、自我怀疑的声音越来越大，几乎占领了我的世界，结果就是我越来越无法放开手脚去学习和研究，不敢自如地尝试新的东西，也无法感受到工作本身可能带给我的快乐。

直到我做出了准备退学的决定，所有无理的自我要求也在那一瞬间被彻底放下了。我在无意识之中，以即将离开的态度，接受了所有的现状，扔掉了所有来自"自我1"的教训。我也以近乎放弃自我的方式，接受了自我。于是在没有对比、没有标准、没有评判的世界里，反倒体会到了"自我2"做事的快乐。

近年来，越来越多的心理学研究指出，一个人如果长期压抑自己的情绪、否定自己真实的需求，对身心所带来的负面影响可能远远超过我们的想象。

对自我情绪和真实感受的否定，不仅是引发抑郁症、焦虑症、上瘾症、慢性倦怠等心理问题的罪魁祸首，而且可能引发一系列的躯体疾病。例如，加博尔·马泰的《正常的迷思》（*The Myth of Normal*）一书指出，许多医生发现，长期压抑情绪的人更容易得渐冻症（肌萎缩侧索硬化症）、黑色素瘤甚至癌症，也更容易患上一些慢性疾病，如偏头痛、纤维肌痛、子宫内膜异位症、肌痛性脑脊髓炎（ME）等。

在《被讨厌的勇气》一书中，哲人指出了一个有趣的观察："来接受心理咨询的人几乎没有任性者。反而很多人是苦恼于要满足别人的期待、满足父母或老师的期待、无法按照自己的想法生活。"

一方面，我们都想要让自己过得更好、更快乐，可是另一方面，我们拼命打压自己、管束自己、压迫自己，以为只有这样才能换取好的结果。

可是，做一个善于管教自己的教官、善于压迫自己努力的师长，这样真的有效吗？

心理学上关于"真实自我"（true self）和"本真"（authenticity）的研究给了我们很重要的启发。所谓"真实自我"，是指我们对外界事物的自然反应、情绪的自然流露、自发的真实体验；然而活在世间，成年人不可能百分之百地做自己，因此在社会化的过程中，每个人都不同程度地穿上了"虚假自我"的外套，以应对来自外界环境的期待和要求。这个虚假自我有时候是表演给别人看的，有时候则是表演给自己看的。

虽然"虚假自我"有其功用，但如果"真实自我"出现的比例过低，一个人就无法舒展真实的情绪、反映真实的体验，而是总在迎合外界的需求，那么他就会迅速感到疲劳、无力、迷茫、无意义。

对"本真"的研究发现，无论是在课堂上还是在公司里，能够更多地展现其本真状态的人，会表现得更健康、更快乐、更投入，也会获得更好的业绩结果；反之，无法在学习和工作环境中展现其本真状态的人则更容易自我怀疑、更经常选择退出、更难获得身心健康，也更难获得自我效能。

从这个角度讲，这一种"努力"和那一种"努力"之间区别巨大。一个"努力"的人，到底是不是在做他的真实自我？哪种努力是符合真实自我的，而哪种努力其实是在营造虚假自我，反而会啃噬一个人的生命能量呢？

这些问题至关重要，从根本上影响着一个人的人生状态、身心健康、生活满意度、工作热情、成就感、意义感。

本书所呈现的内容，即是我对这些问题的反思和记录。

写这样一本书，最初的起因是想写给身边的几个朋友看。但前几篇文章在知乎上发布后，我收到了很多来自网友的反馈，这让我意识到，原来诸如"内耗""低迷""大脑空转""自我苛责""慢性倦怠"等问题，并不是一两个人的苦恼，而是我们这个时代几乎所有人都面临的困惑。

许多网友反馈说"能量感"这个词让他们产生了共鸣，找到了一个新的视角，可以重新调整接下来的路径。也有网友使用书中介绍的方法去执行学习和考试任务、思考新的职业方向，帮助自己立刻行动，甚至指导自己在商业、文学、学术等方面持续产出。

由于我自己作为研究者的背景，这本书的内容融合了心理学、组织行为学、脑神经学、社会学等不同学科的研究成果。一方面我希望让大家看到，很多我们个人感受到的问题其实都有其背后深厚的社会原因、人性原因、心理原因，因此不用把所有责任都放在自己身上；另一方面，我希望书中的所有讨论，都能基于科学的思考方式，找到切实有用的解决办法。

本书中的话题虽看似繁多，但都围绕着"真实自我""行动方法""避坑指南"这三个方面展开。这是因为，从社会科学的研究成果来看，任何一个现代人想要在行为上出现有益的突破，都必须满足这三个方面的要求。

以下对这三个方面做简要的介绍：——

1. **"真实自我"**：书中围绕"能量感"的讨论，归根结底是要帮我们找到"真实自我"，回到更有活力的"本真"状态，回到更有自主性的"自我2"。很多时候，我们的努力方向都偏离了"真实自我"，甚至让"真实自我"陷入被怀疑、被苛责、被规训的境地。实际上，只有由内生发的动机、激情、兴趣，只有符合个人真实需求的行动、目标、路径，才是对个人有意义、长久有效的路径。而"能量感"这个工具，能帮我们重新找到内生驱动，重建秩序和标准。

2. **"行动方法"**：认知上再充分，如果不去行动，一切都没有意义。正如李松蔚老师在《5%的改变》一书中所说：任何问题都必须通过行动才能化解，但行动可以从最小的努力开始，先做最微小的事情，再推动更大的胜利。书中所有关于能量感的讨论，都基于行动的方法。

3. **"避坑指南"**：有了以上两点还不够，作为一个现代人，我们还需要意识到身边无处不在的噪音、虚假扭曲的信息、让人上瘾的电子产品等对内心的侵袭。这些噪音和干扰被我称为"能量大盗"，只有意识到它们，避开它们，才能保护好自己的能量，我们所有正向的努力才有意义。因此，本书在讨论能量感的时候，也希望教给大家在纷繁世界中给自己戴上"金刚罩"的方法。

```
        真实自我
           ↕
     [能量感]
      ↙    ↘
  行动方法 ⇄ 避坑指南
```

虽然这本书围绕着提升能量感和个人状态而展开，但我深知，没有什么人的能量感可以一直提升，也没有任何人能通过阅读一本书彻底解决所有问题。我们解决了眼前的问题，就会有更高阶的问题出现；我们在某个阶段获得了充沛的能量感，在下个阶段又可能回到相对低迷的状态。

因此，我想提醒大家，对能量感和好状态的追求不应成为执念，更不应成为一种新的压力。让我们先把"要努力"的想法放一放，先救一救自己的感受；让我们先把外部标准放一放，关注一下内心真正的渴望；让我们把结果和成败放一放，先在做事的过程中体验舒展的、有活力的自我。

做到这些，我们也就获得了最可宝贵的东西：自由绽放的生命。

目录

第一章 你需要的是一个系统，而不是自律

为什么"自律"是一个伪命题？ 003
你的能量感从哪里来？ 006
怎样轻松获得能量感？ 011
为什么你的能量消耗得那么快？ 016
维护你的能量感账户 022

第二章 立刻行动：如何从"内耗"通往"产出"？

长期大脑空转、缺乏行动会导致什么后果？ 027
我们到底为什么"害怕行动"？ 030
"大脑空转"的时候，你都没在行动 033
任何状态下都能够产出：职业选手和普通选手最大的区别 036
怎样判断自己是在"大脑空转"还是在"行动"？ 039
如何将"内耗"转变成"产出"？ 042
别让脑中的"碎碎念"拿捏了你 044
避开两个"能量大盗"：焦虑和自我苛责 048
哪些工具能推动你进入"立刻行动"模式？ 052

第三章 走出低迷状态的最佳起点

能量感与"闭合任务回路"   061

状态不好？只因为你没有闭合任务回路   063

闭合任务回路与自我效能的提升   066

怎样才能有效地闭合任务回路？   070

追求"小胜"——人人都可以使用的能量感获取渠道   075

第四章 告别"能量漏出"：手机上瘾症的正确解法

手机上瘾：现代社会典型的"能量漏出"   081

手机上瘾症的三大底层原因   084

如何解决"你累了"？   088

如何解决"你烦了"？   093

如何解决"你孤独了"？   098

第五章 打造属于自己的能量感系统

找到最适合自己个性的能量感产生路径   103

使用"内生驱动"而非"外生驱动"路径   110

如何利用"自主感"提升能量感？   116

如何通过"专精感"提升能量感？   119

如何通过"目标感"提升能量感？ 123

第六章 告别拖延症：如何让自己"马上行动"？

利用"滚雪球任务法" 129

利用"启动能量"开关 133

利用帕金森定律破除"想象中的困难" 137

使用"5秒法则"迅速行动 140

第七章 如何利用外部反馈提升能量感和行动力？

什么是能量感系统中的"外部反馈"？ 145

为什么获取外部反馈对个人成长至关重要？ 147

通过"秀出自己的工作"获得外部反馈 150

通过外部反馈提升能量感的关键 154

如何面对"负面反馈"和"无人反馈"？ 157

做有作品的人：如何产出？在哪方面产出？ 160

第八章 与一切提升你能量感的人和事在一起

低迷状态与个人"影响圈"的逐渐缩小 167

你不是真的不想做事，你只是不喜欢在"能量洼地"做事 173

你的能量感影响了你对世界的认知吗？	176
如何面对持续打击个人能量感的"恶劣环境"？	179
与一切能提升你能量感的人和事在一起	183
后记	185
参考文献及推荐阅读	189

第一章

你需要的是一个系统，
　　而不是自律

自律被说得太多,讲解得太多,强调得太多,仿佛跟高鼻梁、大眼睛一样成了一个人的特征——"瞧,我多自律";"瞧,我多不自律"。

任何概念都无非是视野的聚焦,反过来却严重影响思考的路径。归因于缺乏自律,很多时候只是方便解释,却难以解决问题。

没法早起,因为不自律嘛;

没办法坚持背单词,因为不自律嘛;

没办法把一本书读完,因为不自律嘛;

没办法持续产出,因为不自律嘛;

……

自律真的像一剂全能解药,能拯救一切吗?

不,自律并非全能解药,甚至可能根本就不存在。

本章让我们一起来寻找比自律更加关键的因素。

为什么"自律"是一个伪命题?

有些事情,我们做起来很容易,不需要自我管理和自我意识的介入就水到渠成。

有些事情,我们为之着迷,能自然地进入心流状态,轻轻松松就完成了,甚至做得风生水起。

还有些事情,我们逼着自己早起、每周花固定时间把自己按在上面,可是付出总跟收获不成正比。

那么,我们不自律吗?

我们必须意识到,那些厉害的人并不是靠惊人的"自律"和取之不竭的"意志力"来完成一个又一个大任务的。

要想找到内心的驱动力,我们真正需要的是:建立一个系统。

一个系统,就是一整套适合自己、前后支撑、让人不费力运转、让工作自然展开的做事情的方法。

人有了一套系统,就能引导出自己做事的兴趣、热情、坚持,越做越起劲,越做世界越宽阔,越做越有成就感。这,与自律无关。

举几个缺乏好系统的例子:

- 想开始建立一个每周更新的博客,可是一开始就野心过大、标准过高，要求自己每篇文章都必须写到 5000 字以上，图文精美，格式整齐，每周定时定点更新不得有半点失误——于是在自我领导的高压之下，迅速出现了自我打压和自我苛责。成就感还没建立，就体验了很多挫败，创作的乐趣荡然无存，两三周后更新就不了了之。

- 想建立坚持阅读的习惯，却逼迫自己每次阅读必须达到 1 个小时以上，每天都要按时按点阅读，每次都读最艰涩复杂的大部头——很快对阅读就产生了厌恶情绪，不到两周就把书抛到脑后，给自己贴上不适合阅读、自制力有限的标签。
- 想改掉总是吃甜食的习惯，却在家里到处摆放零食，每天在网上不间断地买零食送到家，然后怪自己意志力真差，果然成不了大事。

如此的例子还有很多很多。

如果把自己跟曾国藩这种自制力界的天才相比，当然怎么都是自愧不如。但历史上有几个曾国藩呢？更有效的方法不是拿圣人的标准强压自己，而是用好的系统引导自己。

自律需要意志力，而意志力是有限资源。除了超人有无限意志力，任何人的心力、耐力、强制自己的能量都是有限的，而且在一段时间内，用一点少一点。

真正有价值的，**是建立一个不太需要意志力就可以维持运转的系统**。在这样的系统里游走，不仅不会降低能量，还会增加能量。

好的系统如同一座好房子，你一走进去就身心愉悦，能量十足，在里面待得越久，越喜欢自己，也喜欢这个世界。

而坏系统如一个凶悍的教官，掐着腰拿着鞭子，永远用强制和规训约束人的行为。

管理学里把领导者分成 X 型领导者和 Y 型领导者：前者坚信人必须用鞭子赶着走，后者相信人都能自我驱动。没人喜欢 X 型领导，可我们自己却总变成自己的 X 型领导。

重建一个系统，然后让系统带着自己运转，才是王道。

那么，到底怎样才能建立一套行之有效的干劲系统呢？

关键词是：**能量感**（sense of power）。

> **要点：**
> 建立一整套适合自己、前后支撑，让人不太需要意志力就可以维持运转的系统。

你的能量感从哪里来？

能量感是什么？为什么能量感能帮我们持续找到做事情的干劲呢？

想一想你最喜欢做的事情，欲罢不能的爱好，总放不下的人或事——这些东西在不知不觉中增加了你当时的能量感，它们不需要你自律，它们还没等你拿出自律，就早已跑进了你的自循环系统，推动你持续追求的行动。

不知不觉中你所上瘾和放不下的东西都在你脑中形成了一个个产生多巴胺和愉悦感的回路：

- 玩游戏 ⟶ 多巴胺上升 ⟶ 能量感上升 ⟶ 下次还想要
- 看视频 ⟶ 多巴胺上升 ⟶ 能量感上升 ⟶ 下次还想要
- 见到喜欢的人 ⟶ 多巴胺上升 ⟶ 能量感上升 ⟶ 下次还想要
- 吃甜品 ⟶ 多巴胺上升 ⟶ 能量感上升 ⟶ 下次还想要

这就是能量感产生的体现。所谓"能量感"，是指自发升起、在个人身心层面感到活力、动力、积极状态的体验，是一种从内而外对人与外在事物生出热情、好奇、喜悦、动力的感受。在身体感受层面，能量感常常体现为身体的精力充沛、舒适自在；在情绪感受上，能量感常常体现为愉悦、兴奋、好奇、热情；在心理状态上，能量感体现为掌控感、自信感、充满期待、向外扩展的动力。

而那些跟工作和精进相关的，能持续自行运转的系统，一定需要能增加你的能量感，才能得以维持。比如：

- 收获经济回报 ⟶ 能量感上升 ⟶ 下次还想要 ⟶ 再次付出行动
- 收获领导认可 ⟶ 能量感上升 ⟶ 下次还想要 ⟶ 再次付出行动
- 收获成就感（或优越感）⟶ 能量感上升 ⟶ 下次还想要 ⟶ 再次付出行动
- 收获意义感（或价值感）⟶ 能量感上升 ⟶ 下次还想要 ⟶ 再次付出行动
- 收获乐趣（或喜悦）⟶ 能量感上升 ⟶ 下次还想要 ⟶ 再次付出行动

所以，想要建立能量感系统，**首先要找到一条容易让自己提高能量感的路径。**

至少在开始建立该系统的时候，不能让做这件事使你能量值骤降，否则自律再强也很难持续做下去。

什么事情能给你带来能量感？什么事情又会快速消耗你的能

量感？

如果你稍加观察，很快就会得出属于自己的答案。这份答案模仿不来，也伪装不了。

比如，你跟人接触之后能量感增加还是降低？你一个人独处后能量感增加还是降低？

能量感在与他人相处后的增减，可用来判断一个人性格是外向还是内向。在独处后能量感增加的人是内向者（所谓"i人"），在与他人相处后能量感增加的人是外向者（所谓"e人"）。

内向者如果做需要跟很多人接触的工作，又不得不这样，能量值就会掉得厉害，意志力资源迅速耗光，歇好几天都缓不过来，系统就难以长期运转。

反过来，外向者如果总是独自工作，也会缺少燃料。

不妨回想一下：

- 报纸杂志上的哪些话题总能引起你的兴趣，让你看完之后能量感满满？又有哪些话题让你看完之后觉得能量耗尽？
- 日常工作中的哪些任务会增加你的能量感，让你做完后感到兴奋、有趣、有成就感？又有哪些任务让你躲避、焦虑、无聊、缩手缩脚？
- 你身边的人，哪些会增加你的能量感，在相处之后让你感觉更有热情生活和做事？又有哪些人会降低你的能量感，让你感觉忧虑和无力？

以上这些方面如果总呈现稳定的趋势，那么一个人能量量表的样式也就昭然若揭。当然，这份量表（包括人的个性）不是恒定不变的，而是在人不断向前行进的生命中流动和变化的，这也是生命让人期待的地方。

找到这些趋势，了解自己的能量来源，是建立有效的能量感系统的基础。

如果有一件任务你早该动手却迟迟没有行动，是不是因为它降低了你的能量感？有没有办法将它转化为增加能量感的途径？

这里有一个重点：**增加能量感的途径，应该是一个"容易"的路径，而不是"复杂"的路径。**

拿写作来说，爱写作的人，如果能出版一本书一定能增加成就感和能量感。但是成功出版一本书，从构思、到写作、到联系出版商、到最后印刷成书……这中间要消耗多少能量，经历多长的周期？而这中间除了成书这个大目标，还有没有容易获得、来得更早更频繁的能量感？比如写作的乐趣、每一篇文章所获得的外部反馈、自己所欣赏之人的赞许、与人交流的乐趣？

如果一个人把出版一本书作为能量感增加的唯一路径，那么因为这个能量周期太长，能量感收回来太慢，事情做着做着就没了燃料，最后想象中的大能量感从未收回，半途的能量消耗倒是出现了。

反之，如果能找到一个或多个只需要花一点小力气就能增加**能量感的路径**，在实现大目标的路上不断用小目标的实现增加能量感，那么小圈带动大圈，系统当然就能更容易地运转。

项目1 → 损耗能量感 → 项目2 → 损耗能量感 → 项目3 → 损耗能量感 → 低迷状态

能量感损耗与低迷状态

项目1 → 获取能量感 → 项目2 → 获取能量感 → 项目3 → 获取能量感 → 持续成事

能量感获取与持续成事

上面两张图告诉我们,做一个项目是获取了能量感还是损耗了能量感,至关重要。像滚雪球一样积累能量感、探索新项目、获取更多的能量感、再探索更多的项目……这几乎是所有普通人持续成事、成大事的必经之路。

能量感思维之所以重要,是因为它能帮我们把思考重点从"**如何增加意志力**"转换到"**如何增加能量感**"上来。所以小步开始、快速画圈、快速收回能量感,才是建立一套系统最有效的方式。

可是,如果有一件应该做的事,你却始终找不到任何能量感来源,这时候该怎么办?这就是我们接下来应该关注的重点。

> **要点:**
> 每个人都有属于自己的能量量表样式,找到这个样式,就能找到仅属于你的、提升能量感的途径。

怎样轻松获得能量感？

获得能量感的路径有很多种，我们在后文中会详细介绍。这里来说一个关键：**闭合任务回路（close the loop）**。

必须找到做一件事情的闭合任务回路，必须建成一个收回能量感的回路，必须有收回能量感的路径，否则能量感就会不断漏掉。兴趣和热情只能在一段时间内帮我们维持动力，终究不能长期推动系统运转。

所谓闭合任务回路，**就是创造一种"完结感"，一种通过自己的行动导致某个事物状态达成完结的闭合感**。这种感觉是非常个人化的东西，它不同于个人成就、不同于业绩、不同于认可、不同于嘉奖，它不需要是一个大的终结，而可以是一个又一个小的完成。

我们在学业和职业路径上有很多显而易见的完结点，这些完结点能帮我们收回能量感，进而去完成下一阶段的任务。比如：

- 参加英语四六级、托福 GRE 考试，你的完结点是考试结束、通过考试；
- 找工作时，你的完结点是完成面试、拿到录用通知；
- 以项目为周期的工作，你的完结点可能是一个咨询项目、客户服务项目、一个客户合同的终结；

- 以学期或年度为周期的工作，你的完结点可能是一个学期的课程结束、一批学生毕业、年终个人业绩总结的提交……

为什么我们在从学校到职场的转换中常有无力感和缺乏正反馈的挫败感？因为学校里有大量清晰的"完结点"，并且是有社群感的完结点，即一群人同时拥有整齐划一的完结点：一年级期末考试、二年级期末考试、中考、高考、大学课程结业和毕业典礼……我们在无形中将这些外部世界给予的完结点内化为自己的完结点，因此在完成这件事情时，很容易实现心理上的"闭合任务回路"，从而拿回能量感。

离开学校之后，这种来自统一社群感、边界清晰的"完结点"会越来越少、越来越淡化。你和同事可能只是表面上共享着某个项目的完结点，但你感到你跟他们有不同的人生追求、现实挑战、成长目标、个人兴趣……你的个人成长和人生进展的"完结点"变得越发模糊、不确定、缺少外界确认，而闭合任务回路也越来越需要依靠自己来独立实现，不再总是有他人陪伴或督促。

你可能还没有意识到，人类对闭合任务回路的需求有多大。比如下面几个例子：

- 有一种监狱里惩罚犯人的方法，是让犯人挖一个坑，填平，再重新挖，再填平……循环往复，以此让犯人在持续的未完成感中受罪（相似的例子还有希腊神话中永远往山顶推石头的西西弗斯)。

- 研究者付钱给志愿者让他们组装乐高玩具,但在某些情况下会当着志愿者的面把他们刚组装好的乐高玩具拆回零件,结果发现,这部分看见自己组装的乐高被拆解的志愿者就会更早退出游戏——因为没有办法从完结一件事中拿回能量感。
- 我们人类心理上有种寻求闭合(call for closure)的需求——没听完的歌总在脑中回旋,没得到答案的问题就放不下,被分手的人总对感情更难割舍……

对完结感的需求,大概是写在人类基因里的。所以在单打独斗的个人成长领域,建立个人项目的"闭合任务回路"非常重要。

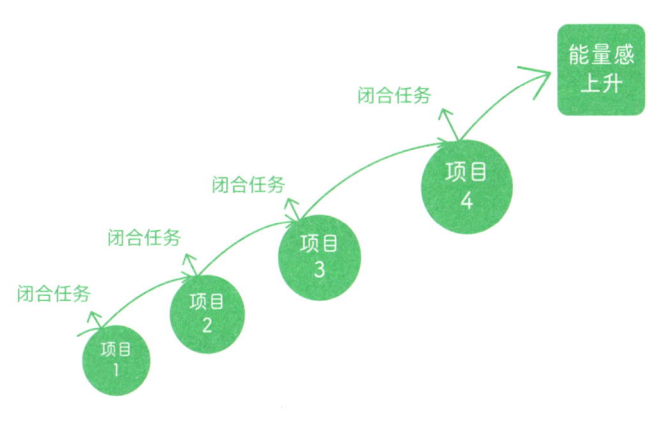

闭合任务回路与能量感

实现闭合任务回路,需要的是:

1. **清晰的完结点;**
2. **仪式感触发;**
3. **个人心理上对完结点和仪式感触发的认可。**

所谓"清晰的完结点",是一条明晰的、阶段性的终点线,是自己给任务划分小目标的能力,是一段持续努力的界限。10公里可以是一个完结点,2公里也可以是。每天运动半小时可以是一个完结点,每天运动5分钟也可以是。

所谓"仪式感",是当到达完结点时,能让心理上明确感受到、接受到已实现了一个闭合回路的外在触发。比如毕业典礼就是典型的完结感的仪式触发,除此外还有写作者的交稿、学者完成投稿给期刊、教师每个学期登完学生成绩……这些无形中的仪式感也能让自己知道完结点已经实现,任务回路可以闭合了,这时候能量感就收了回来。

将以上两点连起来,能让能量感收回来的关键,是你在心理上对某个完结点和仪式感的认可,这在建立闭合任务回路时至关重要。

比如,很多人会使用进度记录表的方法制造到达完结点的仪式感——写作者每一天写了多少字、多少个小时都记录在案,每天的工作以记录总结结尾,这是对当天努力的回路的闭合。

比如,用自己感兴趣的东西奖励小目标的实现,可以是一杯咖啡、一件新衣、一场电影、一次旅行。

比如，向家人和朋友宣布自己一个项目的完结、一个阶段的达成、一个小目标的实现。

再比如，长期努力的项目获得了投资、自己写的计划书被接受、自己的创作被认可……

个人任务执行过程中，最容易出现完结点不清，一门心思向前跑，但没有通过闭合任务而获取持续能量感的问题。

同样跑了10公里的两个人，在内心实现了闭合任务回路的那个人会收回更多能量感，从而有更充足的力量去跑后面的比赛。

> **要点：**
>
> 到达一个清晰的完结点，通过特定的仪式在心理层面加以确认，就能把耗费的能量收回来。

为什么你的能量消耗得那么快？

任务闭环可以增加能量，而我们的能量系统就好像一张储蓄卡，要能快速、频繁地获取能量感，也要能有控制、有意识地分配现有能量。这样，你的能量储蓄卡中就始终有能量留存，能用任务闭环不断带动新任务的发生。

那么问题来了：怎样才能减少这个系统内能量的无效流失？

这里要简单介绍一下我们每天都会面对的**能量漏出**（energy leaks）问题。

你一定有这种体会：做有些事所消耗的能量比其他事情更快、更多、更难恢复和补偿。

其实做任何事情都需要支出能量，哪怕是打字、上下班、听课、跟同事沟通、收拾桌面……但有些事情的能量消耗显然高得离奇、耗得无用、漏得可惜。

还有些事情别人做的时候好像没怎么消耗能量，你做的时候就明显能量值骤降；而在另一些事情上，你跟别人的情况又完全反转过来，你做起来生龙活虎，而别人兴致索然。

某些人的能量增补点对另一些人来说完全可能是能量漏出点，在前文，我们拿内向者和外向者的区别举过例子。

而由于一份工作中通常会有不同的任务内容,你还会发现,你可能在做某些任务时能量增加,某些任务上能量守恒,某些任务上能量漏出。

比如写报告、开会、见客户、做总结、写计划、管理下属、向上级汇报……这些任务对于不同的人来说,能量耗值都大为不同。

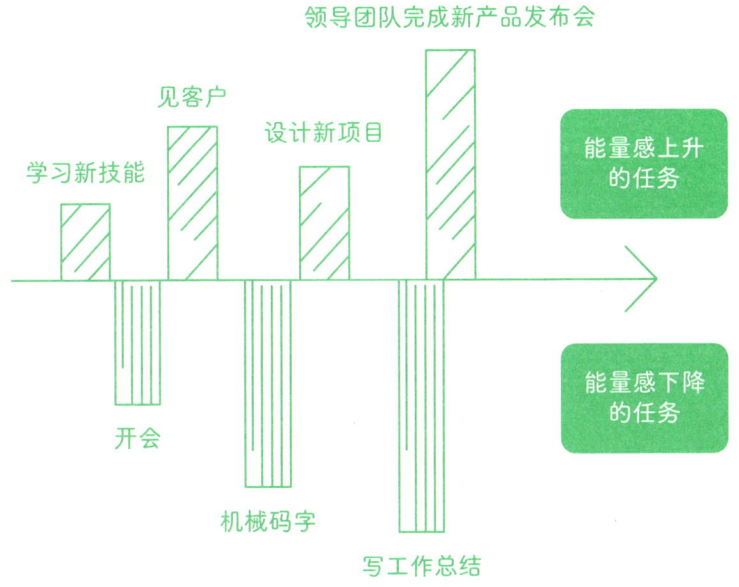

某个员工在做不同任务时的能量感变化

你的能量漏口在哪里?做什么事、在什么情境下,能量会明显漏出,却没有帮助你完成任务?

比如，常见的能量漏口可能出现在：

- 内容单一、重复性高的工作
- 无意义感
- 缺乏控制感
- 害怕失败
- 害怕让别人失望
- 不想面对真实的自己
- 挫败感
- 对未来的不确定
- 目标的模糊性
- 思维反刍
- 后悔
  ……

很多人可能并没有意识到，工作中的重复、无聊、无意义感会制造巨大的能量漏洞，让你迅速感到疲劳、不想做事、自我效

能下降。

人没办法把自己变成重复劳动的机器，一昧做自己感受不到任何意义的劳动，也不应该把自己变成这样的机器。

你的工作如果太让你无聊和厌恶，能量感就会加速漏出，你就会迅速感到疲劳。这种疲劳感会从一项任务本身溢出到其他任务，甚至波及生活中的各个方面。

这个时候，你还在大喊着自己不够自律、不够有意志力，但其实自律也没办法帮你增加能量感。"自律"只是个拿着鞭子的教官，而供养一个教官还可能消耗你更多的能量。

另一种很常见的能量漏出是"自我苛责"——本来任务本身没有那么难，我们做得也没有那么差，心里面却忽然蹦出一个小人儿，叉着腰对你横挑鼻子竖挑眼……于是仅有的能量感都消耗在了与自我苛责做斗争上面，好不容易向前一步，却又退后两步。

那些无端耗走的能量，要是能都集中在有意义的任务，我们该能做出多少事情！

所以第一层目标，是**让能量消耗尽量发生在任务本身，而不是任务之外**。比如：

- 写一篇论文，如何让能量消耗在思考、阅读、书写的实际行动中，而不是消耗在担心他人评价、声讨任务的无意义、抱怨对未来的不确定上？
- 见一个客户谈项目，如何让能量消耗在见面前的准备、对谈判过程的筹划、谈判过程的全力以赴上，而不是事前的担忧、对见面的抗拒、对自己的苛责、对结果的悔恨上？
- 开设一个自媒体号，如何让能量消耗在前期调研、视频创作、文案写作上，而不是焦虑结果、犹豫不决、追求完美、害怕失败上？

这当然不是易事，但多观察自己的能量从哪里漏走、是不是真的帮到了任务本身，将有益于慢慢降低和避开无谓的损耗，躲开一个个能量漏口。

以下就是几个值得花时间思考的问题：

1. 做什么事情会让我快速消耗能量感？
2. 跟什么人接触会让我快速消耗能量感？
3. 在什么情境下会让我快速消耗能量感？
4. 目前工作中的哪一部分会让我快速消耗能量感？

仔细思考这些问题之后，你可能会发现你一直以为在增补你能量的日常活动，有很多其实会让你的能量漏掉。而你之所以一直在做着这些活动，不是因为你想做，而是因为身边人都在这么做。

所以，了解自己独特的能量来源和消耗模式，有意识、有能力避开能量漏口，将帮助你进入用能量感来做事的正循环，这也将是你成为你自己的过程。

> **✎ 要点：**
>
> 把"应该做的事""别人都在做的事"替换成"我想做的事""能让我增加而不是消耗能量的事"。这个过程会让你更接近"真实自我"。

维护你的能量感账户

总体来看,一个人的能量消耗路径大致分为三种不同类型:

1. **"收入结余"型**:所消耗的能量感能带来更多的新能量感的产生——比如,你熬了一周的夜做完了一个大项目,项目成功后你获得了客户、老板和自己内心的认可,进而有动力去做一个更大的项目;
2. **"收支平衡"型**:所消耗的能量感和所增加的能量感大抵相当,没有过分消耗也没有过多结余;
3. **"收不抵支"型**:所消耗的能量感大于从做任务中所获取的能量感,导致持续向前的能量感逐渐耗竭——比如,为了赶期末论文临时抱佛脚几天未睡,交完论文后三个月都不想碰论文了……

如果你仔细回想,就会发现,几乎所有没坚持做下去的项目都是因为能量感的"收不抵支"。

以跑步为例。长期坚持长跑的人,都有惊人的意志力吗?

不一定。

如果你仔细询问爱长跑的人为什么喜欢跑步,并观察他们的能量感获取路径，你可能会从中总结出如下的能量感系统模式：

- 去跑步 ⟶ 多巴胺上升 ⟶ 增加愉悦感 ⟶ 能量感提升 ⟶ 下次还想跑
- 去跑步 ⟶ 运动后头脑清楚 ⟶ 工作状态提升 ⟶ 能量感提升 ⟶ 下次还想跑
- 去跑步 ⟶ 达成跑步目标 ⟶ 增加成就感和自信心 ⟶ 能量感提升 ⟶ 下次还想跑
- 跟朋友一起跑步 ⟶ 因社交而感到愉悦 ⟶ 能量感提升 ⟶ 下次还想跑
- 长期、有规律地跑步 ⟶ 身体发生积极变化（如减脂、塑形、力量增加）⟶ 能量感提升 ⟶ 下次还想跑

事实上，对于长期坚持的跑者而言，他们在长跑中获得的能量感要远远高于他们做这件事所消耗的能量感，因此才会越跑越想跑，跑步这个习惯很自然地运转下去，意志力根本还没派上用场。

反之，为什么你想建立一个新习惯，却总是没办法坚持呢？

并不是因为你的"意志力"不强或"自律"不够，而是因为你并没有成功建立起获取能量感的有效路径，并没有从所做的事情中拿回足够的能量感，导致这个新习惯总是消耗能量感余额，而无法获得新的能量感供给，直到能量耗竭。

大脑空转就是一个这样的例子——它会消耗所有的个人能量，在空转的过程中我们担忧、犹豫、思前想后、惧怕犯错、惧怕别人

的目光——后来能量耗光了，没力气行动了（本书第六章将专门对其进行讨论）。

能量感是在行动中获取，而在大脑空转中漏光的。

一定程度的计划性和未雨绸缪是必要的，事后反思也是必要的，但大脑空转的时间应该远低于行动时间。大脑空转得越多，行动变得越困难，闭合能量回路变得越加不可能。

因为闭合能量回路永远要依靠看得见、摸得着、能外化的行动和产出，而不是空转的思绪和想象。

即便是哲学家（世界上最有资格大脑空转的人）也需要靠外化自己的思考（比如记录、授课、演讲）来完成能量回路的闭合。

而现实生活中的我们要不断、反复、一次又一次地行动，依靠从小到大的各种行动回路闭合来收回能量感，才能维持向上的动力。

从完成学习、工作任务到个人项目，再到关系的维护，无一不是如此。

> 要点：
>
> 行动时间要多于大脑空转时间，不然能量就会白白漏光。

第二章

立刻行动：
如何从"内耗"通往"产出"？

人无法获得能量感的最大原因是：行动不足。

大脑空转、思前想后、自我怀疑、后悔不迭……这些都不是有价值的行动，而是偷走你内心能量感的小偷。

所有想建立能量感系统的人，都必须分清"大脑空转"和"行动产出"的区别。

本章将讨论让自己停止内耗的方法，帮助大家从"无意义的内耗"转为"有意义的产出"。

长期大脑空转、缺乏行动会导致什么后果？

长期缺乏行动对人最严重的影响是"习得性无助"——你会进入一种慢性的思前想后、犹豫不决、迟迟无法行动的人生状态。

面对机遇和挑战,你的第一反应会是"僵住",是自我怀疑,而不是迎上去做改变。

没有什么比"习得性无助"更能吸走一个人的能量。它会导致以下结果:

- 即便面对不那么重要的选择,也会习惯性犹豫、紧张、思前想后。
- 自我效能慢慢降低,直到不敢尝试任何新事情。
- 越来越害怕失败,害怕面对真实的自我水平。
- 对未来缺少希望。
- 产生挫败感。
- 容易感到萎靡不振,精力不足。

人在长期的忧虑状态下,可能会患上广泛性焦虑症（Generalized Anxiety Disorder）,也就是会把生活中本来不需要忧虑的事也看成是需要忧虑的事情,忧虑敏感度过高,对现实中实际困难度的判断力降低。

例如，有一项关注在读博士生心理健康的研究发现，由于很多博士生曾长期处于为毕业和找工作忧虑的状态，导致他们在毕业以后很长时间依然比其他人更容易对生活中的各种事情感到焦虑、有压力、不快乐。

当你的身体习惯了某种焦虑的状态，在遇见一件困难的时候第一反应就不再是"我该怎么行动起来去解决问题，从而去除焦虑"，而是进入僵住状态，沉浸在焦虑、自我怀疑、自我攻击之中。

你的"大脑空转"看似在帮你筹划未来、权衡利弊，其实却为你在脑中建立起"困难极为巨大"的景象，一次次让你看到自己受挫的场景、坚持不下来的场景、失败的场景，让你还没面临真正的困难就感到压抑、无力、没有希望。

任何对困难的评估都基于对自我能力的认知，过度夸大困难实际上是在不断打压自己的能力。反复担忧尚未到来的挑战，本身就是在给自己泄气。

从这个角度讲，大脑空转的同时你就在漏出自己的能量，增加心理阻力。

当你不小心养成了大脑空转的习惯，你就养成了活在忧虑的世界里、越来越不敢去面对真实世界的习惯。

> **要点：**
> 长期缺乏行动和大脑空转会导致"习得性无助"和能量漏出，让人在想象中夸大事情的困难程度，进一步不敢行动和面对真实挑战。

我们到底为什么"害怕行动"？

每个人独立行走在大地上，都依托于两个自我：想象自我和客观自我。

人在身体素质、心理反应、工作能力、学习能力、人际交往等各个方面，都会存在想象自我和客观自我，而且大多数人的这两个自我并不会完全重合。

一个人的想象自我如果高出客观自我太多，就会没有动力去开启行动。因为每次行动都可能成为揭穿自己本来面目的威胁，让人不得不面对真实的自己、真实的客观反馈，从而带来自我形象受挫的痛苦。

比如，想象中的你能跑 10 公里，但客观的你目前最多只能跑 3 公里；想象中的你具有超凡的艺术创意，但客观的你在创意任务面前想象力枯竭；想象中的你会坚持追逐自己的梦想，但客观的你在几个月的坚持无效后就不再有动力继续……

当一个人的想象自我与客观自我产生偏离时，容易出现以下表现或感受：

- 过于在乎别人对自己的赞美，而不能接受自己的弱点。
- 对自己的每一次失败都十分敏感，总忍不住反复回想。

- 越来越喜欢待在自己的想象中或回忆里,不重视此刻的行动。
- 过于在乎他人评价,哪怕这些评价并不属实。
- 执着地认为自己必须应具有某种才华、优势、强项。
- 如果一件事没有十足的把握,就不敢动手。
- 经常摇摆于"极度自卑"和"极度自傲"两种情绪之间。
- 会为了一些看似可以维护自我形象、实则并不重要的小事而耗费心力。

更可怕的是,这里还会出现恶性循环:越是只空想不行动的人,想象自我就越不切实际;而一个人的想象自我越不切实际,就越不愿意去行动。

所以,害怕行动的根源,其实是害怕看见客观自我的水平;是在潜意识里以为,只要不行动,脑中那个想象自我的水平就还不错。

要怎样走出这个怪圈呢?人的能量感需要通过**亲身行动和与外界互动**,不断得到更新和维持。

要打破虚幻的想象自我对自己的负面影响,我们需要提醒自己:

1. 想象自我再美好,也不等于客观自我;
2. 客观自我的优化,唯有通过不断行动和与外界互动才能获得;
3. 越不去面对客观自我,想象自我就会越发膨胀,偏离现实越远,内耗和大脑空转的情况就越严重;
4. 唯有迎难而上,直面真实的客观自我,才是真正开始行动的第一步。

虽然一开始面对客观自我时难免会感到痛苦，但要记住，这种痛苦是暂时的、健康的，它能让你开始放下想象自我，将注意力转向接受客观自我的不足上。而一切改变都是从认清现实和接受现实开始的。

美国心理治疗师斯科特·派克在《少有人走的路》一书中指出：直面内心让人痛苦的真相，才能真正解决内心问题，并获得人生成长，而世间大多数人都没有这份勇敢和坚持。很多心理问题和消极状态，如人格障碍、焦虑症等，其实都是在躲避痛苦的真相和不完美的自我这一过程中所产生的问题。

直面和接受"不够好的客观自我"，是走出低迷、倦怠必经的一关，是艰难但正确的选择，是内心成熟的开始，是勇敢开创人生新路径的开始。日后，你将感谢当年直面惨淡真相的自己。

如果不能直面客观自我，从客观自我出发去行动，那么别人再多的鼓励、书里再多的心灵鸡汤、脑中再多的规划、内心再多的自我安慰，都无济于事。

世界上最糟糕的情况，莫过于用空想塑造了一个虚幻的自我形象，但你的客观自我完全没有机会得到滋养，依旧倒在地上。

> 要点：
>
> 　　大脑空转，往往是由于不敢面对客观自我。直面客观自我、接受自己的不完美和现有情况，是能量感启动正循环的第一步。

"大脑空转"的时候,你都没在行动

人有一种奇怪的自我欺骗,就是**在大脑空转的时候常常会误以为自己"正在做事情"**。

"你看我至少在规划啊!你看我在全盘布局啊!你看我至少在为自己的将来忧虑啊!你看我这么焦虑、这么忙……"

大脑空转给我们一种错觉,仿佛这种忧虑、这种思考、这种规划,本身就能解决问题——"如果忧虑了这么久最后问题都没解决,那一定是我解决不了,一定是上天对我不公平,一定说明这不是我应该做的事……"

而事实上,**大脑空转是行动最大的敌人。你大脑空转的时候,都是在浪费本应该行动的时间和能量**。

我们大脑空转的时候究竟是在干什么?是在思索具体的问题吗?是在为将来设计具体的方案吗?是在客观地反思过去的经验吗?

都不是。

大脑空转是一种缺乏结构性的思考,这也是大脑空转无法帮到我们的根本原因。

如果你要进行结构化的思考,你应该:

1. 给思考活动设定时间限制;
2. 给思考活动设定具体目标;
3. 把思考活动的结果外化(比如写在纸上)。

大脑空转	结构化思考
相对被动的思维游荡状态	相对主动的、有明确目标的思考
思维分散、随机、易受外界刺激	更有条理、有逻辑性
缺乏具体的思考目标和时间限制	思考活动及其时间有边界,思考过程更理性、更不依赖于个人情绪
反复循环、来回反刍	以行动或解决具体问题为导向
常作为心理防御机制出现,主要作用是帮助个体在面对压力、焦虑或不安时,暂时逃避不愉快的现实或内心冲突	

大脑空转 vs 结构化思考

所有漫无目的、没有时间限制、没有具体目标的思考都不是有效思考,而是拖延、内耗、束手无策。

思前想后、权衡利弊、百般琢磨……这些未经监管的脑活动,大部分情况下都只是"此刻不用去行动"的借口。

虽然行动和思考都很重要,**但行动和思考二者本身就在争抢**

时间。

每个人每天的精力都很有限,你的大脑空转越多,通过行动去精进、试错,去获得外界反馈、调整自己行动的机会就越少,你获得能量感的通道也就会变得越来越少。

也许你会说"但我不想无效努力",但事实上,我们必须意识到,现实世界并不总有"完美的解题答案"。成人世界的大部分选择都没有最优路径、最佳解法,而是要在行动中慢慢摸索,要靠自己的行动来收获只属于你的反馈。

大多数时候,只有你走出去了、开始行动了,才能看清下一段路是怎样的,才能做出更准确的判断。

> **要点:**
>
> 大脑空转是一种心理补偿机制,为不行动提供借口。思考和行动本身就在争抢时间。只有结构化的思考是有意义的。

任何状态下都能够产出：
职业选手和普通选手最大的区别

另一个常见的不去行动的理由是"我现在状态不好"——没有干劲、心情不佳、身心疲惫、情绪萎靡……这些都可以成为此刻、下一刻、再下一刻不去行动的理由。

问题是，什么时候才能有好状态呢？好状态一定会来吗？明天一定跟今天不一样吗？

"状态好了才能行动"——这是非专业人士才有的迷思。

人不是因为有高能量感才行动的，而是因为行动才有高能量感的。

那些常年保持大量产出的高手，真的是得益于永远处在最佳状态吗？他们每时每刻都像打了鸡血一样热爱工作吗？

当然不是。即便最老练的作家也有写不出文字的时候，最高产的学者也有遇见瓶颈的时候，最有创造力的画家也有创意枯竭的时候。

专业人士和业余爱好者最大的区别，就是在任何状态下都能产出——不管今天有没有灵感、心情好不好、想不想坐到办公桌前，都会按时按点完成任务。

而业余爱好者需要依靠灵感的垂青、好状态的垂青、好心情的垂青，这些都是过于飘忽不定的因素。

人不是因为有高能量感才行动的

能量 → 行动 → 能量获取

而是因为行动才有高能量感的

无数各行各业的职业选手都在反复告诫我们：不要依赖"想干活的状态"去干活，而要培养任何时候都能产出的能力。例如：

- 作家史蒂芬·普雷斯菲尔德说，所有艺术家毕生都要跟自己的内阻力战斗下去。一件事情对你越重要，你就越会觉得内阻力大，但这不应该影响你去工作。
- 漫画家斯科特·亚当斯说，人应该建立一个每天都为之奋斗的"系统"，无论状态好坏、短期内是否有奖励，都要花时间去每天磨炼自己的技能。
- 高产教授保罗·席尔瓦告诫我们，不管自己当天想不想写论文、有多不愿意工作，只要制订了写作计划，就要按时按点坐到办公桌前，就像跟人约好了见面，一定要准时赴约一样。
- 村上春树长期坚持跑步和写作，他说，"今天不想跑步，所以才去跑",这才是跑步的意义。

任何领域内的成事者都要依靠持续的,有规律的,不间断的产出。不管是一份工作文书,还是一个创业项目、一篇公众号文章,不间断的、雷打不动的产出让我们意识到自己做成事情并非只依靠老天赏饭或者偶尔的好状态,而是一种可以通过稳定性来达成的目标。

在普通选手抱怨自己状态太差无法干活时,高手会告诉自己"我的产出跟我此刻的感受无关"。他们日行二十里,风雨无阻。

正是这些具体的行动,带动他们一次次冲破舒适区、习得新技能、维持能量感。

内心即便惊涛拍岸,如果不落实到看得见、摸得着的行动上,也毫无意义。他人哪有义务去欣赏你内心的波澜呢?宇宙自有其运转规律,世间万物都以自己为世界中心,而真正能推动世界向前的实际贡献才会被奖励。

宇宙管你要的是结果,是看得见摸得着的行动。归根结底,是你脚下走了多远,而不是你内心风浪有多大,决定了你的价值。

> ✏️ **要点:**
>
> 行动应该与想不想行动无关。要在持续的,有规律的,雷打不动的行动中不断积累能量感。

怎样判断自己是在"大脑空转"还是在"行动"？

要体察到自己是否在大脑空转，有一个好办法，就是问自己这样一个问题：

"我现在的思考或挣扎，能否转化为可外化、可量化的实际成果？"

如果你在行动和产出，你花时间所做的事情是可以量化、可以写进简历、可以用于正式场合自我介绍的。相反，内耗和大脑空转的活动则无法外化、量化或成果化。

比如，一个人在描述自己的时候可以说"我发表了3篇SSCI文章"，但无法说"我忧虑过1000个小时"；你可以将"985学校博士毕业"写进简历，但你无法将"内心激烈挣扎8年"写进简历；你可以将"成功组织2次校级演出"写进简历，但你无法将"反复纠结2个月、与他人斗气30天"写进简历。

很多时候，我们深陷在琐碎的忙碌和焦灼里，忘了到底什么重要，什么不重要。

那些我们身处其中、以为天大的事情，好多都是因为我们的"小我"(ego)感受到了情绪上的威胁，它试图通过内耗，争抢回一种虚妄的权力感和控制感，让自己感觉好受一点。

但事后回想，这些内耗不会对我们的个人事业或生活产生任何有价值的贡献。你会发现别人的评价、你当时在乎的一时输赢、你拼命想证明自己的那些瞬间，其实都无法留在你个人的履历上，无法帮你成长，也无法让你更靠近目标。

因此，要能够在大脑开始空转的时候立刻意识到这一点，并且马上把空想模式转换成行动模式。

怎样能意识到自己开始大脑空转和过度思考了呢？当你有以下表现时，就很可能在大脑空转：

- 反复思考同样的问题。
- 迟迟不能做决策。
- 持续感到忧虑。
- 出现持续的负面思维及悲观情绪。
- 身体出现症状，如肌肉紧张、头痛、无法入睡等。

出现这些症状的时候，你应立刻叫停脑中的想法，告诉自己：现在就是在内耗了。

一个长期大脑空转和内耗的人，需要彻底转变思维方式，甚至不惜矫枉过正，要求自己把时间和精力花在可以外化、量化、具体化、成果化的事务上。

如果你感觉难以分清什么才是有意义的、应该花时间的活动，可以问自己以下问题：

- 我现在花时间的事情，能不能用于自我介绍？
- 我现在花时间的事情，能不能写在我的简历上？
- 我现在花时间的事情，能不能量化？
- 我现在花时间的事情，能不能被看见（对世界产生客观影响）？

这些问题能有效地引导你意识到自己的内耗浪费了多少时间和能量，并不断地把你拉回具体的行动中来。

> 要点：
>
> 内耗者应常问自己：我现在的思考或挣扎，能否转化为可外化、可量化的实际成果？

如何将"内耗"转变成"产出"?

高手有没有内耗呢?有没有大脑空转的表现呢?

有,但高手不会停留在"内耗"本身,而是会向前一步,把内耗转化成产出,甚至利用内耗带来的痛苦、疼痛、郁闷,来带动自己创造可外化的产出。

所有的大脑空转和内耗,其实都可以转化成有效的产出和行动,关键看你停在哪一步,是停在内耗本身,还是停在内耗之后的行动上。比如:

- 让你沉迷而无法自拔的游戏或剧集可以是一种内耗,但如果你为其提供深入专业的分析,制作成语音、文字或视频发表,它就变成了一种产出。
- 自我怀疑是一种内耗,但如果你把自己的情绪记录下来,以文学形式发表并与更多人产生共鸣,它就变成了一种产出。
- 焦虑是一种内耗,但如果把自己如何理解焦虑、攻克焦虑的挣扎过程总结起来分享给更多人,它就变成了一种产出。
- 在人际关系中过分敏感是一种内耗,但是把敏感的特质用在戏剧创作、绘画、音乐创作等艺术活动中,它就变成了产出。

```
          利用内耗            高能量
          来产出              状态


            内耗

  低迷状态  沉浸在内耗
          和大脑空转里
```

内耗同样可以通往产出

事实上，上乘的艺术产出往往都来源于创作者的某种"内耗"：敏感、苦闷、迷茫、孤单，都有可能为创作者开辟新的宇宙。

人和人的关键区别，并不取决于内耗程度的高低，而是取决于一个人在多大程度上让自己的行动受到了内耗的影响，以及在多大程度上能用行动取代内耗、纾解内耗，甚至利用内耗来推动行动。

所有的内耗，本质上都是一种能量的郁结，但如果你可以疏通和利用这些能量，就拥有了比别人更多的向前开创的力量。

这其中的关键，就是行动、行动、再行动。

哪怕是一开始看似毫无价值的东西，也会慢慢让你聚集能量感、理顺思路、获得连接感和价值感。

> ✏️ 要点：
>
> 高手也可能出现内耗，但不会停留在内耗，而会向前一步，基于内耗去行动，甚至利用内耗去产出。

别让脑中的"碎碎念"拿捏了你

大脑空转通常是无意识的,是不自觉出现的"碎碎念"。

如果你仔细观察,会发现我们的大脑在很多情况下会冒出喋喋不休的声音——比如在刷牙的时候、散步的时候、坐车的时候、听课的时候……这些声音经常伴有焦虑、自责、担忧、害怕的情绪,因此也会阻拦我们立刻行动的脚步。

最新的脑科学研究向我们证实,这种"碎碎念"是人无法根除的正常脑活动:我们人类平均有三分之一到二分之一的清醒时间都没有"活在当下",而是进入一种被动的碎碎念状态。这种状态是大脑管控功能的一部分,是人类几十万年进化而来的结果,它常常在默认状态下帮我们表达困难情绪、帮助我们在脑中做情境的模拟演练、提高人在行动中的自控力。

因此,如果你苦恼于脑中喋喋不休的声音,你应该宽慰地意识到:你并不孤单。

但是,如何减小脑中的"碎碎念"对行动的干扰呢?

首先要意识到**"你不等于你脑中的碎碎念"**——我们的很多想法都是未经质疑、未经证实的思绪。你脑中有这样的想法,不代表这个想法就是对的。

人类是有能力"对思考进行思考"的动物，而不应成为一味被思考牵着鼻子走的动物。

当你脑中有大量"碎碎念"时，不妨把最让你发愁的几个想法列在纸上（比如"这次考试要挂科了""找工作肯定很困难""我肯定考不过这个考试"等），然后依次问自己：

1. 这个想法是真的吗？我能百分之百确定它是真的吗？
2. 有什么客观证据能反驳我这个负面想法？
3. 我能否找到一个比这个想法更合理、更准确的想法来替换这个想法？

心理学上将这个方法称为**"认知重构"**——即通过识别扭曲思想、挑战扭曲思想、以合理思维来替代这三步，来重建自己对一个事情的准确认知。这是认知行为疗法中一个重要的工具。

我们的成长经历和幼年时期不成熟的心智，导致我们不知不觉间形成了许多对世界和自我的扭曲认知。成年以后，这些认知在特定情绪和情境下会被放大，导致我们陷入极端思想和内耗模式。正如主攻认知疗法的美国心理学博士帕梅拉·S.威格茨在《我们都是拖拉斯基》一书指出的，这些扭曲思想其实才是拖延症、焦虑症背后的罪魁祸首，唯有将它们一一擒住，才能避免它们将你擒住。

"认知重构"的方法，是我们在成年后重新审视并矫正这些根深蒂固的脑中想法的有效工具。不断用现实对"脑中的碎碎念"做矫正，就可以逐渐减少扭曲思维。

人容易把小麻烦看成大灾难，把解决方案极端化，全盘否定自己的能力。你需要有能力意识到这些想法只是你此刻的感受和想法，而此刻的感受和想法不等于下一刻的感受和想法，更不等于客观的真相。

面对不断耗费你能量的扭曲思想，你需要像一个冷静的旁观者一样看待自己面临的现实情况，思考脑中想法的真实性。组织行为学家亚当·格兰特将这种高手常用的思维方式称为"科学思维"或"科学家思维"。这种思考方式对于我们正确认识自己、做出合理的个人决策都大有裨益。

"科学家思维"具有以下几个关键特征：

1. 假设检验：科学家通常会先提出某个假设，然后通过实验和观察来验证这些假设，从而挑战自己的固有观念。例如，当"我总是失败"这个想法袭击你的时候，可以尝试提出相反的假设："我也有成功的时候。"

2. 数据驱动：用来验证假设的应该是基于事实的客观数据和证据，而不是我们的感受、直觉。例如，在为"我也有成功的时候"寻找证据时，从过去的经历中找到自己高分通过考试、获得奖励、顺利拿到文凭等证据。

3. 批判性思维：科学家会从正反两个方面来考虑问题，并且时刻保持对事物态度的开放性，寻求"真实"，而不是寻求"正确"。例如，在使用批判性思维看待"我总是失败"这个想法时，能够意识到要从正反两个方向看待自己，并且能以开放的眼光，像看待另一个人一样，客观地看待自己的优缺点。

通过多次练习使用"认知重构"和"科学家思维"来审视自己，当你脑中又冒出扭曲的自我评价和负面想法时，就更容易意识到这些想法并不是事实，从而理解自己不必被这些想法拿捏。

> ✎ 要点：
>
> 把自己和自己脑中的声音分开，通过"认知重构"和"科学家思维"，从基于客观和事实的视角重新审视脑中的"碎碎念"，而不要被其拿捏。

避开两个"能量大盗":焦虑和自我苛责

除了主动发现和矫正脑中的扭曲思想,你还应该避开焦虑和自我苛责这两个"能量大盗"。它们会以"温水煮青蛙"的方式蚕食你的能量感,让你不敢行动,自我效能降低,停留在自己想象的世界里瞻前顾后。而由于人的能量感要靠"行动"来获取,焦虑和自我苛责事实上拿走了你获取能量感的最大通道。

焦虑会让你丧失判断事实情况的能力,始终如热锅上的蚂蚁一般忙忙碌碌,但很可能忙碌的并不是真正重要的事。焦虑会偷走你的勇气和冲劲,让你的关注点从正面的"向外开创"转向负面的"向内担忧",人的能量感也会迅速下滑,不敢行动。

自我苛责则会让你提前预想受人攻击的感受,畏缩不前,向外的冲劲被束缚,转而在内心里不断打转,对自己百般审视,对将来百般担忧,每向前一步就退后两步。

这两种常见的"能量大盗"其实来自人类进化而来的自我保护机制——在人类进化和繁衍的历史上,正是由于有焦虑、怀疑、恐惧等情绪的存在,人类才能减少过度冒险和避开重大灾难,在难以预测的复杂环境下慎重选择、三思而行,从而保全生命并繁衍后代。

到了现代社会,虽然许多自我保护机制已不再适用,但并没有被彻底更新,而是会时不时冒出头来,试图阻拦我们。

能量大盗：
焦虑+自我苛责

不敢行动、
害怕失败

能量持续漏出

进一步焦虑和自我苛责

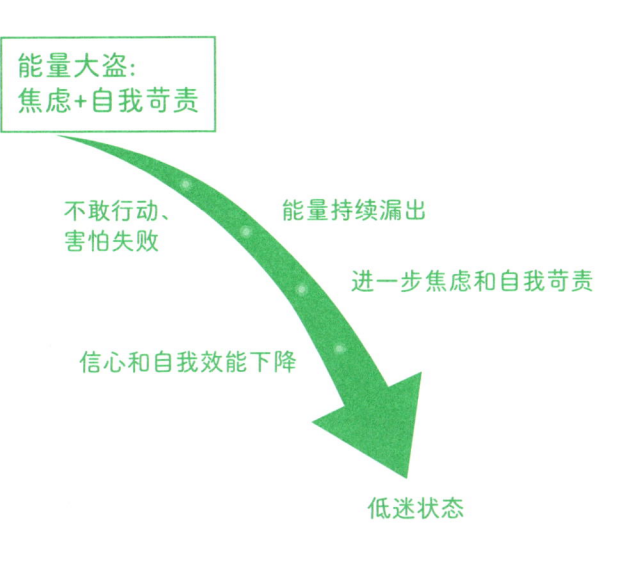

信心和自我效能下降

低迷状态

焦虑与自我苛责对状态的影响

比如，他人看待我们的眼光、某一两件事情上的成败，其实已不能决定我们的"生死"，但我们的基因里仍带着对风险的强烈厌恶、对负面信息的高敏感度（研究表明，负面信息对人的影响大约是正面信息的3倍）。因此，焦虑感和自我苛责会在一些情境下被迅速放大，试图阻拦你进行下一步。

而你要做的，是在这两个"能量大盗"出现时立刻看到它们，并意识到：

1. 你做的事越具有开创性和突破性、潜在的贡献越大，就越可能感受到焦虑和自我苛责（风险越大，它们越想保护你）；
2. 你越是不行动，越可能感受到强烈的焦虑和自我苛责（缺少被行动戳穿的机会,它们更容易在脑中滋长)。

焦虑感和自我苛责很可能一辈子都会跟着我们,永远不会彻底消失。

你走得越远,你做的事越重要、越有创新性,越会经常遇见这两个"能量大盗",听见它们絮絮叨叨,没完没了地帮你评估种种风险,劝你慎重出手。

当你学会冲破它们的阻拦,用行动一次次地证明它们是错的,你的自我效能就会在反复的行动中得到提升。你也会对脑中嘈杂、阻拦的声音逐渐免疫,不再让它们影响你的行动力。

请相信,任何创造者、创作者、成事者都会体验焦虑的念头和自我苛责的想法——这些想法只是"思绪"而不是"事实",你要做的就是看见它们,而不让它们阻拦你的行动。

著名作曲家、音乐剧《汉密尔顿》的创作者林-曼努尔·米兰达,坦言自己在创作《汉密尔顿》的6年间曾无数次怀疑过自己的音乐才华和作品水准,甚至觉得它"糟透了"。《汉密尔顿》在美国创下历史性销售纪录的3年前,也是他创作最难的阶段,他在社交媒体上说:"我很难在以下两者之间找到平衡:一方面,当事情没有像我期望的那样快速发生时,不责备自己;另一方面,在等待事情发生时,不浪费时间。"

林-曼努尔·米兰达为什么会感到这么强烈的自我怀疑?因为《汉密尔顿》是有史以来第一部大量运用说唱、嘻哈元素来讲述历史事件的音乐剧，也是第一部如此大量地采用非裔和拉丁裔演员扮演白人历史人物的音乐剧，其诸多的创新性和突破性，足以让其创作者生出自我保护本能，感到强烈的焦虑感和自我苛责。

然而，也正是因为有些史无前例的创新和突破，让这部音乐剧在 2016 年拿下 11 项托尼奖，创造了美国音乐剧历史上的销售纪录。

林 - 曼努尔·米兰达并没有停留在焦虑中，而是用行动超越了焦虑。即便今日他的音乐成就已在全世界得到认可，他仍坦诚地告诉创作者们："坏消息是，自我怀疑永远不会消失。"他认为创作者应该把讲述自己的故事视为一种责任，并"用比恐惧更响亮的声音歌唱"。

> 🖉 要点：
>
> 焦虑感和自我苛责是人在行动时经常碰到的"能量大盗"。唯有识别它们、直面它们、保持行动，才能超越它们，并通过行动带来的能量感持续向前。

哪些工具能推动你进入"立刻行动"模式？

状态不好时，我们应迅速意识到正有一些东西在偷走自己的能量，并想办法立刻行动起来，从负能量、低能量的状态快速调整到能打开能量提升路径的状态。

如何做这种能量状态上的自我转向呢？下面介绍几个经社会科学研究证实且简单有效的工具。

写"自由式日志"驱散脑雾

在任何不好的低能量状态下，自由式日志这个工具都可以帮到你，成为你转变低能量状态的第一站。

"自由式日志"是不限制任何写作主题，不为了任何具体目的而写的个人日志。看似简单平常，但在心理学研究中，自由式日志被反复验证能够帮我们清理混沌的大脑、纾解隐藏的情绪、了解内心真实的想法、让大脑平静下来，甚至能帮助我们找到潜意识中解决问题的方案。

写作自由式日志的具体方法十分简单：你可以找一个本子或者打开电脑上的一页文档，设好一个大约15—20分钟的闹钟，然后就天马行空地自由书写。

写的时候要注意：

1. 你不应给自己设定任何题目；
2. 这份日志不应该给除你之外的任何人看；
3. 不要停笔，只要时间没到，就要一直写下去，不管写什么，写满固定时间为止。

自由式书写的目的就是把脑中的一切思绪外化，想到什么就写什么，不加任何评判和限制，甚至不用顾及拼写错误或语句不通顺的问题。你越能允许自己肆意地写出此刻脑中浮现的感受和想法，自由式日志就会对你越有用。

一些研究发现，自由式日志有着类似心理咨询和冥想一样的疗愈效果，越是在人经历艰难和陷入孤独的情绪、大脑混乱的时刻，自由式日志就越有效果。它给了我们一个暂停的机会，通过自我对话、外化脑中的声音，帮我们找到重新出发的路口。

在最开始进行自由式日志写作时，你可能感觉无事可写，或是不习惯把脑中的每个声音都记录下来。但在持续一段时间后，一旦你适应了自由式日志，就会发现自己像是多了一个好朋友，并且也多了一份直面坏状态的笃定。因为你知道在任何时候，你都可以通过跟自己对话的方式来转变混乱、无序的状态。

晨间是进行自由式日志书写的好时机，它能够帮助我们在刚起床、大脑尚未开启管控系统的情况下，发现自己潜意识里的担忧、渴望、困扰。

另外，当我们在面对工作时出现拖延、焦虑、为难、困惑时，也可以随时启用写作自由式日志的方法，通过它来过渡到结构化的思维、平静的大脑状态，从而开启工作和创造的状态。

人就像一只杯子，需要先倒空内在混乱、躁动的声音，然后才有空间盛满新鲜的珍酿。

下次当你觉得脑子里一团糨糊、无法专注做事时，不妨先放下手中的事情，给自己15分钟时间来写一份自由式日志，然后迅速投入到行动状态。

抽离式自我对话

心理学的多项研究发现，人在日常对话中使用第一人称的数量，跟这个人的负面情绪程度成正比。换句话说，你越容易谈论自己、越关注自己的事，就越容易觉得自己过得不够好，越容易陷入抑郁和焦虑，从而掉进内耗模式。

这是因为当一个人把每天的大部分注意力都放在自己的感受、情绪、遭遇上时，就容易失去"全景视野"，局限在自己的小世界里。本来负面情况、压力际遇、不公平的待遇可能会随机发生在每个人身上，但过于关注自己会使一个人更容易生出"只有我这么倒霉"或是"我就是比别人差"的想法。

因此，当我们感到能量低、状态差时，很可能是因为陷入了偏狭的自我感受中，这时就可以使用"抽离式自我对话"（distanced self-talk）这个工具。

"抽离式自我对话"，指的是**在跟自己进行对话的时候，使用第二人称或第三人称视角，而不是使用第一人称视角。**

比如，小强今天做了一个述职报告，上司非常不满意。小强回家洗碗的时候可能就会想，"我今天真倒霉，刚好赶上了上司心情不好的时候做报告，我自己准备得也不够充分，我可真差劲"。

这个时候，小强一旦意识到自己脑中这个负面的碎碎念，就可以迅速启动抽离式自我对话，将原对话转化成使用第二人称来陈述，比如："小强，你今天做报告有些倒霉，你的上司今天心情不好，你自己准备得也不够充分"。或者采用第三人称视角陈述："小强今天做了一个不够好的报告，他的上司今天心情不好，小强准备得也不够充分"。

不要小看这个从第一人称到非第一人称的转换——在《强大内心的自我对话》一书中，美国心理学家伊桑·克罗斯博士指出，这种在自我对话中简单的人称转换，能有效降低人的焦虑和抑郁程度，并提高人的现场表现。例如，研究者对大学生所做的实验发现，那些在实验中被要求使用第二或第三人称去思考自己困境的大学生，不仅在面临口述报告的任务时焦虑感更低，而且其客观表现也被评估为更自信、更自如。

另一个让自己跳脱自我视野的方法是**在自我对话时喊出自己的**

名字。比如，同样是脑中的碎碎念在担心明天的考试，如果你能说"小强，你现在正在为明天的考试担心"，"小强，你之前准备了三个月了"，或"小强，明天加油"，就会有所不同——这种在自我对话中念出自己名字的方式，被研究证实能快速有效地把一个人从自我视角拉大到客观视角，帮你迅速减轻给自己的压力。

此外，为了帮助自己更客观地看到此时面对的客观情况，你还可以尝试"鸟瞰视角"和"时间旅行视角"这两个练习。

"鸟瞰视角"练习的步骤如下：

1. 首先找到一个能让自己放松的环境，闭上眼睛，做几次深呼吸。
2. 接下来，想象你离开了自己的身体，成为一只飞鸟，在空中飞翔、盘桓，并俯视自己现在的处境。从飞鸟的视角仔细观察，描述一下，你现在看见了什么？此刻正在发生什么？是谁在下面？他长什么样子，在做什么动作？他处在什么样的环境里？周围更大的环境里有什么？更大的环境里都有谁，正在发生着什么？
3. 当你从鸟瞰视角详细地描述完客观的情境和人物之后，接下来问自己（建议手写答案）：此刻发生的问题在我的整个生活中扮演着什么角色？我的生活里是否有类似情况或模式反复出现？如果是，这可能是要告诉我些什么？如果我尊重的师长或朋友此刻正处在我这样的情境中，他/她会怎么做？会给我怎样的建议？从更广阔的视野来看，我对这件事有什么不同的感受？

对这些问题的反思很可能让你找到新的思路、更广阔的视野，以更客观的视角来审视当下的问题。

"时间旅行视角"也是一个能让我们短时间内转变视角、减少内耗的有效工具。在练习时，选择一个正困扰你的问题，然后针对该问题依此问自己：

1. 三个月之后的我，会怎么看待我此刻面临的问题？会给现在的我哪些建议？
2. 三年之后的我，会怎么看待我此刻面临的问题？会给现在的我哪些建议？
3. 十年之后的我，会怎么看待我此刻面临的问题？会给现在的我哪些建议？

接下来，想象自己穿越到未来某个具体的时间点（例如三年之后），给现在的自己写一封信。在信中，重新讲述你现在所发生的事情，比如，介绍整个事情的来龙去脉，写下这件事的发生在自己生命的整个过程里意味着什么、不意味着什么，它给自己哪些方面带来了影响而在哪些方面毫无影响，接下来它的走向可能是什么样，从长期来看它给你带来了哪些成长机会和新的人生选择，这件事的实质影响持续了多久，未来的自己最想告诉现在的自己什么，等等。

以上这些简单易行的工具能帮助我们停止无谓的能量损耗。而你在使用它们之后，还需要立刻投入到有意义的行动中，让行动快于大脑空转，让行动带动新的能量收回。也唯有开始行动，人才能彻底走出内耗、低迷、大脑空转的状态，进入正向的能量提升系统。

> **要点：**
>
> "自由式日志"和"抽离式自我对话"是两个能有效扭转低能量状态的工具，配合立刻行动，能帮我们停止内耗，通往产出。

第三章

走出低迷状态的最佳起点

低迷状态下，人的能量感通道容易受阻。这个时候如果使用意志力来不断地强求自己努力、批评自己不自律，你的能量感只会进一步降低，甚至出现"能量燃尽"的现象，陷入慢性的习得性无助、持续的疲惫感。

因此，**真正要思考的不是如何自律，而是如何在这个艰难的时刻找到"增加能量感"的通道。**

下面将详细介绍"获取小胜"和"闭合任务回路"的方法，它们是走出低迷状态的最佳起点，也是所有普通人都可以走得通、用得上的方法。

能量感与"闭合任务回路"

在第一章我们介绍过"闭合任务回路",它是自我能力与外界反馈的积极互动,是对所消耗能量的正面交代。

我们从产生一个目标、到为之努力、到坚持、到最终实现该目标,其中最重要的环节就是最后的"完结感"和"闭合感"——它们让你感到此前一切的计划、纠结、辛苦、坚持(即能量消耗)都有了意义,对自己的能力有了切实的信心,于是会有更大的耐心和笃定去等待一个更大任务的闭合。

人原本是不知道自己的形状的,要通过在客观世界中亲手闭合一个又一个的任务回路,才能找到自己的形状,慢慢知晓自身能力的边界,蓄积更大的能量,从而做更复杂的任务。

闭合任务回路能在个人成长和个人状态的调整中起到无法替代的作用。它会帮助我们:

- 得到外界客观反馈,从而增加对自身能力的把握感及确定感;
- 为朝向目标努力过程中所付出的能量损耗赋予积极的意义感;
- 获得胜利感,从而增加个人的自我效能;
- 明确标记任务的完结点,从而终止某个项目在脑中的慢性能量损耗。

闭合任务回路的关键是**亲身践行**：你必须要通过你自己的行为来闭合任务回路——假想没有用，看别人闭合没有用，给自己打鸡血没有用，必须要你亲身践行才有用。

想想我们从小到大所学到的各种技能——不管是爬行、走路、说话，还是学会使用开关、搬运物体、辗转腾挪……我们对世界的确认、对自己的确认，必须通过自己亲身跟世界互动才能得来。其他人再怎样言传身教、激情鼓励，也无法代替自身的践行。

人是在践行中进步的。脑中空想只会消耗能量。适当空想是种激励，大量空想则让人丧失行动力。

> 🖉 要点：
>
> 人要通过闭合任务回路拿回消耗的能量感，获得完结感和胜利感，而其中的关键是要亲身践行。

状态不好？只因为你没有闭合任务回路

很多人并没有意识到，**所谓的"低迷状态"其实只是因为缺少边界清晰的任务闭合**，遗留了太多未填满的、不断消耗自己能量的坑。比如：

- 你同时开启了多个写作项目，却每一个都只写了一半，没有一篇写作是彻底完结的。
- 你试图创业多次，但每次都不了了之，然后又开始一个新项目。
- 你制订过很多个英语学习计划，但每一次都半途而废。
- 你尝试过多种爱好和职业，但随时开始，又随时放弃，从未坚持到底。
- 你看似阅读了很多本书，其实每一本都没有读完，却又翻开一本新的书……

闭合任务回路的原则告诉我们：**所有尚未闭合的任务都在消耗我们的能量。**

从这个角度讲，**你开启的项目越多，未完结的计划越多，能量消耗就越大，你的身体和精神就越疲惫。**

长期的、多方面的能量耗损会让人进入慢性能量低迷状态：你会因为长期缺乏彻底的、确定的正反馈而不再相信"努力"的作用,你会进入习得性无助,慢慢丧失对努力付出的兴趣。

世界对人最大的惩罚莫过于永远不给予回应:做什么都没有效果、付出什么都没有起色、怎样努力都石沉大海。

人需要意义感,需要可见的、可外化的结果来确认自己存在和努力的价值,需要一次次任务的明确完结来确认此前能量损耗的意义。

从这个角度讲,我们能得到两点非常重要的启示:

1. 人应该非常慎重地开启每一个新的项目,手中的项目太多是能量耗损,每一个尚未填满的坑都在耗损你的能量;
2. 每开启一个新项目就应该尽量把它彻底做完,从而收回任务闭合后的能量感。

一个手中有3个项目并且成功闭合这3个项目回路的人,会比手中有10个项目却只完成1个项目的人获得更大的自我效能。半途而废越多,丢掉的能量就越多,闭合感和自我效能感也越低。

从执行层面来讲,我们应该:

1. 定期列出手中所有开始了但尚未完成的项目;
2. 定期清理无法做下去的项目,放弃消耗太多能量但难以进展的项目;
3. 总结该项目没能完结的经验,并在下一次开始类似项目时保持慎重;

4. 先把精力放在容易完成的项目上,在不断闭合小回路后再做大项目。

将不可能做完的项目彻底终止、勇于面对自己不得不放弃某个项目的事实,这本身也是一种"了断"和"完结",是有勇气的表现。如果能认真总结未完成项目的经验并应用到接下来的行动中,这种终止依然能带来一定的完结感和意义感。

> ✏️ 要点:
> 要有勇气定期清理难以闭合的项目,并慎重地开始每一个大项目。

闭合任务回路与自我效能的提升

人之所以有"干劲",归根结底是因为相信自己对外部世界所施加的力会产生实际效果。比如:

- 花时间自习准备考试,是因为相信用功学习能提高考试成绩。
- 早起读英语,是因为相信早读能增强英语听说能力。
- 坚持健身,是因为相信运动能让身体更强壮。
- 花时间反复琢磨创意提案,是因为相信反复研磨能产生出更好的提案。

人做任何一件事情的斗志和干劲,都跟其所预期的此次努力带来的最终效果成正比。心理学家维克托·弗鲁姆将其总结为**"期望理论"**,即:

$$干劲 = 期望值 \times 工具性 \times 效价$$

期望理论的核心逻辑告诉我们:

1. 人越相信自己的努力能提升自己的能力(比如,"自习能够提高学习成绩"），就越有干劲；

2. 人越相信自己的能力会带来好的奖励（比如，"学习成绩优异就更容易找到好工作"），就越有干劲；

3. 人越重视该奖励（比如，"找到一份好工作对我十分重要"），就越有干劲。

既然以上三个环节在公式中是相乘的关系，那么任何一个环节都会影响人的斗志和干劲。例如，该理论中的第一环"期望值"，凸显了自我效能感至关重要的作用。

总是无法闭合任务回路导致的后果是，你不再相信自己的努力有用，你的自我效能会因此遭到暴击。

所谓"自我效能"，是指一个人相信自己有能力通过某种行为来达到预期的绩效或结果，比如：

- 我每一次用相同的动作在键盘上打字，都能打出想要打的字母，我对打字的自我效能就会增加。
- 我每一次使用相同的肌肉力量，都能举起某个重物，我对举重的自我效能就会增加。
- 我每一次使用相同的学习技巧，都能达到考试的某个标准，我对备考的自我效能就会增加。

一个人的自我效能越高，对世界的掌控感就越大，对自己能力的确认感就越强，也就越愿意付出努力，去对外部世界施加影响。

反之，一个人的自我效能越低，对自己到底能不能完成一件事情就越不确定，对世界的掌控感就越小，就越不愿意付出成本去努力。

低自我效能　　　　　　　高自我效能

自我效能的高低影响

如果每一次打靶都能百分之百命中，那么我当然更愿意努力训练；而如果我打一百次只有一次能命中，那么我自然更懒得去尝试。

这显然不是"有没有意志力"或"够不够自律"的问题，而是"这件事我值不值得做"的问题。如果做了也没有效果，那我为什么要像打了鸡血一样去拼命付出？

因此，在这种情况下首先应该做的是**提升自我效能**，即提升"如果我做了 A，就能产生效果 B"的合理预期和确认感。

当自我效能提升了，你自然而然会更愿意付出某种努力，因为你知道该努力将带来所期盼的效果，而不是泥牛入海、付之东流。

那些长年累月、不知疲倦地为自己目标奋斗的人，无一不是因为拥有强大的自我效能。自我效能在个人实践中日益增长，更多的任务闭合带来更高的自我效能，而更高的自我效能又带来更强的行动力，从而让一个人进入能量感和行动的正向循环，不断挑战更高的目标。

有趣的是，他人的成功示范、别人对你的鼓励以及实践之前所做的准备和思考，虽然有助于在短期内帮你改善状态，却不能从根本上提升一个人的自我效能。

只有亲身践行、亲自闭合任务回路、亲身上阵用行动 A 来争取效果 B，才能够从根本上改变一个人的自我效能——因为"你做过，你得到，你知道自己行"。

从这个角度讲，太多的大脑空转、思前想后、学习他人经验、徘徊于不同道路之间……都不能让我们更有干劲；相反，它们很可能让我们更不敢行动、降低了试错的次数、延长了行动的周期，因而耽误了自我效能提升和能量感获取的机会。

不断闭合任务回路、提升自我效能，才是保持好状态的王道。

> 要点：
>
> 自我效能来源于"你做过，你得到，你知道自己行"。

怎样才能有效地闭合任务回路？

我们在前文谈到过闭合任务回路的三个关键，分别是：

1. 清晰的完结点；
2. 仪式感触发；
3. 个人心理上对完结点和仪式感触发的认可。

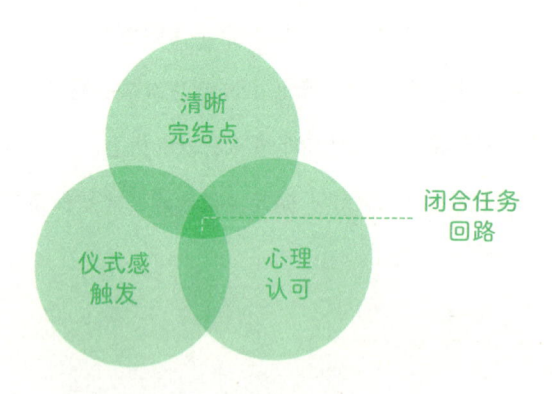

闭合任务回路的三个关键

随着我们进入成人世界、进入职场、面对个人选择，那些边界清晰、所有人都认为重要的任务就会越来越少。这个时候，如何能为自己有效地制定任务边界，并能成功地闭合自己的任务回路，就成了一个人持续成事的关键。

如果你发现很难闭合一个项目的回路，你应该问自己如下几个问题：

1. **该任务的完结点是什么？它清晰吗？可测量吗？**——比如，"成功提升英语能力"不是清晰、可测量的完结点，而"成功背下5000个托福单词""成功通过托福考试""成功完成连续100天英语早读30分钟"则是这样的完结点。

2. **该任务是否可以进一步被分解成多个边界清晰的小任务？**——完成小任务可以更快地收回能量感，因此我们应该学会积极地将一个大任务分解成多个具体、可测量、边界清晰的小任务，来增加闭合回路的次数。比如，写毕业论文可以分解为"写完第一章、第二章、第三章……"等小环节，考托福可以分解为"背完词汇书、了解考题类型、刷历年考题"等小任务，找工作可以分解为"制作完简历、列出可申请的工作、投递简历、准备面试题"等小步骤。

3. **你为完成该任务设立了仪式感触发及有效的奖励吗？**——无论是收到录取通知书、考出高分还是成功答辩、项目成果获得领导的赞赏，都是外部给出的任务完结点触发。此外，你应该还要设一些自己给出的仪式感触发，用以奖励"努力的过程"而不只是"结果"。例如，"如果我连续早起30天，我就奖励自己买一件新衣服"；"如果我打卡300个小时的专注学习时间，我就去逛一下午街"等。

此外，要想在心理上切实感受到完结感、感受到自己很棒，你就需要从内心真正认可和重视这个完结仪式和奖励。我们每个人都有个体差异，别人认为完成了一件重要的事，在你看来可能是无意义的，就无法触发完结的仪式感。**这种完结感的触发和奖励的生成，对于拿回能量感非常重要。**

很多时候我们之所以缺乏动力，是因为自己成了自己最严厉的"教官"。我们在心里拿着鞭子吓唬自己，不断自我苛责、怪自己做得不够好、不够努力，而在完成一件任务的时候却又认为是理所当然、本分之内，很少花时间庆祝和奖励自己，就立刻奔赴下一个目标。

这样的习惯看似既谦逊又努力，实则并没有帮你有效地拿回本应属于你的能量感。而对自己所付出能量的忽视和忘却，会导致能量感的不断损耗，也会降低你去闭合下一个任务回路的动力。

因此，你应该长期思考和不断发展出适用于自己、能真切让你感受到完结感和成就感的方式，并反思自己在哪些情形下并没能真正获得能量感，其背后的原因是什么。

如果你感觉自己不擅长使用仪式感和庆祝来触发任务的完结感，可以尝试开始记录自己"付出努力的过程"，并使用量化、可视化的方式将个人的努力、能量感付出的过程外化出来。比如：

- 在写毕业论文时，用 Excel 表记录每日写作的时间、字数。
- 用一个笔记本记录自己成功完成的每一个工作或学习任务、开始及截止日期。

- 专门记录及总结自己看过的每一本书或一本书中自己看过的每一章。
- 使用一款手机 App 来记录所有待办事项，并在每完成一件后将其画去，每周回顾自己本周所完成的任务。
- 每次完成一件大任务之后都专门写一篇总结日志，列出这一次任务从开始到完结的收获。
- 制作一张"个人奖励项目表"，并给每一种可以用来奖励自己的办法打分（比如，买一杯冰咖啡 =3 分，看电影 =10 分，买一件新衣服 =20 分，出去旅行 =50 分……）。在完成小任务后奖励自己低分的项目，完成大任务后奖励自己高分的项目。

这些方式虽然可能会耗费一点时间，但从长期维持能量感和自我效能的角度看，它们非常有效和必要。要记住：越会为自己的每一个成功庆祝的人，越能收回更多的能量感，来奔赴下一程冒险。

此外，如果你长期习惯了自我苛责，你可以用以下几个简单的方法来更多地标记自己的点滴成就：

- 每日睡前回想三件今天自己做得很好的事情。（事情不需要很大，但需要是你真心觉得自己干得不错，比如给家人做了一顿很好的早餐、坚持了跑步、整理了一直想整理的书桌等。）
- 每日睡前回想三件今天比较艰难，但依然坚持做下去的事情。（比如昨晚睡得很晚，但今天依然坚持了早起；论文的第二章遇见了瓶颈,但是依然完成了固定的写作任务等。)

- **每日睡前回想三条今天自己给别人带来的积极影响。**(不需要是很大的影响,可以是帮一个同事解决技术问题,给朋友提供情绪支持,陪家人共度节日等。)

要记住:重要的不仅是持续付出努力,更是不断闭合任务回路,并清晰地感受到闭合了这些任务回路。要学会用仪式感、象征性、可视化等方式,让自己充分感受到任务的完结、努力的回报,这样才可能持续地行动、更好地出发。

> 🖉 要点:
>
> 学会拆分大任务、明确任务边界、记录每一个小任务的完成,从而不断拿回闭合任务后的能量感。

追求"小胜"——
人人都可以使用的能量感获取渠道

取得"小胜"是每个人都能采用的能量感蓄积方法，也是改变低迷状态的关键。

所谓"小胜"，是指微小的、短平快的胜利，它能迅速恢复一个人的元气，也是最佳的能量感积攒入口。

当人状态不好的时候，能量感十分脆弱，**因此应该首先从容易上手、能快速闭合任务回路、迅速收回能量感的小任务开始做起，快速地积攒一个又一个小胜。**

"小胜"完全可以根据自己的情况去定义，"小"到什么程度，"胜"在哪里，不同的人会有完全不同的标准。重点是，小胜虽小，却应该是在我们所在乎的方面取得的胜利。在自己不在乎的方面取得成绩，便不容易增加能量感。

比如，你的"小胜"可以是：

- 完成导师安排的查阅 10 篇文献的小报告。
- 完成一个别人觉得有挑战但你有信心做好的作业。
- 成功组织一次班级活动。

- 参加某个比赛并坚持到最后。
- 跟小伙伴一起坚持 3 周早起。
- 参加某个连续打卡的线上活动并坚持到计划的天数。
- 开设自媒体频道，分享自己最擅长领域的文字或视频。
- 在知乎上回答 10 个自己擅长领域的问题。

无论你选择的任务是什么，**只要它对你有意义，能让你快速地闭合任务回路，且对你来说好上手、无负担、可以立即行动**——那么你就能通过这项任务的闭合来获得能量感、提升自我效能，进入能量感的正向循环。

利用"小胜"而不是"大胜"来改变低迷状态的最大好处是，**小胜能让你迅速找到自己的价值、成绩、优点，立刻开始增加你的能量，而不需要大量消耗你的能量**。多个小胜、不断的小胜，能够一点点启动你的能量感，让你慢慢地从小任务滑动到大任务的完结。

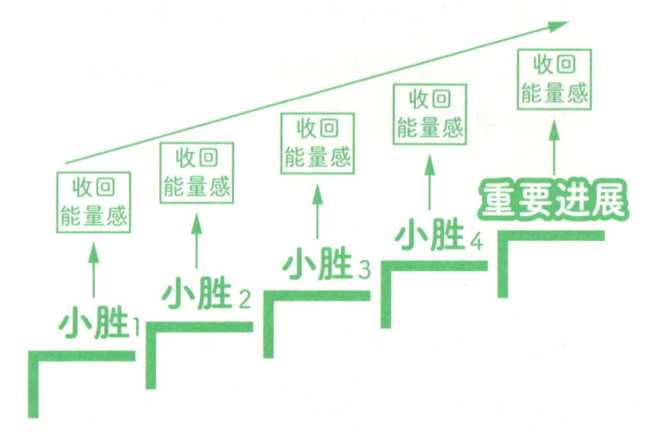

通过连续的小胜提升能量感，从而实现重要进展

在从低迷状态走出来的过程中，**由于"收回能量感"才是关键点，所以你应该尽量避开那些耗时长、步骤复杂、完结点不清晰、具体操作方法模糊的任务**——这些任务回路闭合起来太困难，收回能量感的过程太慢太难，付出的能量又没办法很快收回来，因此很容易让人停在低迷状态中，感到灰心丧气、毫无进展。

这便是很多人长期感到状态低迷、不想做事情的一大原因。其实你很可能不是不想做事情，而只是还没有攒到足够的能量一口吃成个胖子，而你却非要自己此刻就吃成个胖子。

不要觉得只有一举成名、毕其功于一役、做出无人匹敌的成绩才算胜利，不要觉得只有发表顶刊论文、收到名校录取通知书、考出满分成绩才是值得拼搏的目标。你给自己所设定的目标越大，心理负担就越大，努力过程中所消耗的能量也越多，你就越难迅速收回能量感。当你需要漫长的等待、需要动用意志力让自己坚持，就越容易进入低迷状态。

在走出低迷状态的过程中，你应该选择最容易获得能量感的路径，而不是最难获得能量感的路径。你应该选择最容易上手的任务，而不是最复杂的。你应该快速取得一个又一个小胜，而不是漫长地等待一次巨大的胜利。

放弃"全有或全无"的心态，学会利用小胜、标记小胜、庆祝小胜，人便可以在点滴中持续提高能量感，从而摆脱坏状态。

在积攒"小胜"阶段，具体的行动建议如下：

- 坚决不贪大，从最小但有价值的任务开始做起。
- 多做稍稍努力就能完成的任务。
- 多做完结点清晰（完成了就是完成了）的任务。
- 每当决定做某件任务，就把它彻底做完，否则就不要开始。
- 尽量避开那些耗时的、不确定感强的、你觉得无意义的、又难以给你带来胜利感的任务。

当然，有些时候我们无法彻底避开"大任务"，但应当记得，你状态转变之初的能量感十分脆弱，所以要尽量保护好自己仅存的能量感，把有限的精力尽量多放到那些让你获得"小胜"的任务上，从而让自我效能有机会休养生息和慢慢恢复。

小胜是一切大胜的开端，是每个人都可以操练的能量启动方法。不妨从此刻起就列出所有你可以追求的小胜，并思考如何通过闭合这些小任务的回路来增加能量感。

> 🖉 **要点：**
>
> 快速取得一个又一个小胜，而不是漫长地等待一次巨大的胜利。

第四章

告别"能量漏出":
手机上瘾症的正确解法

人的能量感既然是有限资源，那么最理性的能量管理方式就是把有限的能量运用到"你希望有进展的事项上"——因为能量花在哪里，哪里就更容易出现进展。这是显而易见的。

然而很多人没有意识到，自己"应该花费能量的事项"和"能量漏出的事项"往往大相径庭。这成了很多人在不经意之间陷入低迷倦怠状态的核心原因。

换言之，我们的能量感在无形之间被一些东西"偷走了"，我们却以为自己天生能量匮乏。

接下来我们以当代人最难攻克的能量漏出——手机上瘾症和消耗性娱乐症为例，来探讨"能量漏出"的解法。

手机上瘾：现代社会典型的"能量漏出"

比如，很多人可能都经历过以下这类场景：

某天早上，你起床时精神焕发，决定今天要大干一场。计划已经做好，工具已经备齐，可是刚坐到办公桌前，你就忍不住拿起手机看了一眼自己喜欢的"爱豆"，于是一条推送连着一条推送，几十分钟后你才意识到自己一直没有工作，于是赶忙扔掉手机开始干活。可是不到半个小时，你又忍不住去碰手机看热搜，于是一上午就这样过去了……

这一天结束前，你被自责和自卑感缠绕，怀疑自己本来就没办法做成事。

这个例子中出现了典型的"**能量漏出**"——有限的个人能量资源并没有被发挥到想做、应该做、计划做的事情上，而是在无形之间以非计划性的、低价值的、不可控的方式流走了。

在生活中，这种"能量漏出"的例子比比皆是。除了被手机"偷走"之外，还有诸多因素会导致能量漏出：

- 本来计划把能量感用于提交更好的企划方案，但实际上能量感从担忧无法令领导和客户满意的过程中漏走了；
- 本来计划把能量感用于开拓一个新的创作项目上，但实际上能量感在害怕失败、思前想后、反复犹豫中漏走了；
- 本来计划把能量感用于建立读书、早起、健身等好习惯上，但实际上能量感在自我苛责、对自己失望、完美主义、自怨自艾中漏走了。

实际上，**如果你能记录自己每天"希望有进展的活动"和"实际能量消耗的活动"，就能更有效地采取行动。**开始改变的第一步，是了解自己的能量漏出模式，这需要真诚，也需要勇气。

你不妨使用类似下表的结构，在一周的时间里认真记录自己每天的能量消耗，并与希望有进展的活动进行对比。认真记录一周之后，你就会发现自己能量使用偏差的规律特征，这是解决能量漏出的第一步。

你应该花能量的方面 vs 你能量漏出的地方	
写论文	玩手机
背单词	看短视频
修改简历	打游戏
完成作业	看朋友圈
做个人公众号	自我苛责
健身	担忧
读书	内耗
申请工作	大脑空转
完成毕业论文	完美主义
……	过度抠细节
	过度在意别人眼光
	……

人的能量感像一个充气的大袋子,"能量漏出"的时候,你的袋子就出现了几个漏气的孔洞:它们不断地把你好不容易积攒的能量用一种不易察觉的方式漏出去。能量漏出越多,你越觉得无力面对生活、无力学习、无法振奋。

如果不能有效地阻止能量漏出,那么通过"闭合任务回路"和"小胜"积攒而来的能量感,都会在不知不觉中被浪费掉,没办法让你进入正向的能量增长系统。

在低迷状态中的我们,**通常很难意识到自己的能量正在漏出**。长期的低能量感还会让你习惯于低自我效能,影响你对自己能力的认知,丧失做更大事情的信心和欲望,这是十分可怕的。

那么到底怎样堵住能量漏洞?如何让有限的能量被花费到正确的事情上?

我们先从"手机上瘾症"这种在现代社会几乎无人能幸免的能量漏出开始说起。

> 要点:
> 改变的第一步,是了解自己的能量漏出模式。

手机上瘾的三大底层原因

2018年的德勤手机消费问卷显示,美国人每天平均拿起手机52次。而近几年人们对手机的依赖程度快速提高了,根据Reviews.org 2023年的一项调查,美国人平均每天查看手机144次,平均每10分钟就要拿起手机一次。App Annie公司发布的针对中国用户的《2022移动市场报告》则显示,中国人平均每天使用手机时长接近5个小时。

越来越多的人发现自己无法放下手机。研究者还发现手机的过度使用会导致情绪不平稳、抑郁症、注意力缺乏等问题。

戒掉手机必须要依靠"意志力"吗?

并不是。

事实上,大部分人改不掉手机上瘾症,是因为没有利用人性,也没有找到有效的替代品,而是用违背人性的方式强迫自己戒掉手机。

你有没有思考过你喜欢玩手机的底层原因?

一味地责怪自己"不够自律"是没有意义的。事实上,你不会无缘无故地对某个东西上瘾,只有当底层需求没有被满足时,你才会对某件东西上瘾。

在手机上瘾的问题上,大多数人真正的需求并不是"玩手

机",而是以下三种需求中的至少一种:

1. 你累了;
2. 你烦了;
3. 你孤独了。

来看三个具体的例子:

- 你工作了一天,挤车一小时到家,做饭洗碗,之后一身疲惫,无法进行高强度思考或工作,于是歪在沙发上开始看手机——手机让你觉得恢复体力,得以休息——这时候,你玩手机是因为"你累了",你想要得到身体、大脑或情绪上的休息。
- 连续一周上课、听课、写作业、坐办公室,你的大脑对重复的日常生活感到厌倦了,于是忍不住拿出手机刷朋友圈、看短视频、打小游戏,让生活增加一些乐趣——这时候,你玩手机是因为"你烦了",你的大脑需要变化、乐趣和兴奋感。
- 一个人的生活没有太多新鲜感,你参与网上论坛、看时下最流行的节目、加入某个热搜话题的讨论、玩社交媒体软件、发朋友圈期待好友的点赞——这时候,你玩手机是因为"你孤独了",你想要拥有社群感、参与感、连接感。

很多人苦恼于自己在"想干正事"的时候放不下手机,认为是手机害了自己。但其实这只是一种表面化的解释,并没有足够理解和尊重人性，也并不能从根本上提供问题的解法。控制、抵抗、无视自己的底层需求绝不是解决问题的好办法——就像人需要吃饭、喝水、睡觉一样，你内心情感的、精神上、智力上的需求同样需要被重视，需要被满足，需要被看到。

你之所以对手机上瘾，正是因为体验到了每个现代人都在经历的"疲劳""心累""无聊""孤独"，而你又无法找到更好的方式去满足人类基因里对娱乐、社群、平衡生活方式的需求。

这种需求是源自人性的需求。当你不满足它们、无视它们、让它们等待太久的时候，这些需求就会在其他方面冒出来，向你提要求。其中，最容易的方式就是用手机来满足，因为拿起手机这个动作成本非常小，却足以让你期待它所带来的兴奋感奖励、休息感奖励、社群感奖励。这些奖励让你的大脑产生多巴胺，多巴胺让你愉悦，于是你开始对手机欲罢不能。

真正能解决上瘾症的办法是"替代性补偿"。也就是说，如果你想除掉一种行为习惯，就必须找到另一种替代性习惯来补偿因为改掉旧习惯而未能满足的需求。

因此，在希望自己改掉过度使用手机习惯的时候，你首先必须充分想清楚：

1. 使用手机主要满足了你哪些内心、情绪、身体或智力上的需求？
2. 如果不再刷手机，你会用什么替代性习惯来补偿你的需求？

我们真正要解决的,是如何更好地满足"疲劳""无聊""孤独"这三大普遍感受所带来的底层需求。接下来我们来一一讨论。

> ✏️ 要点:
>
> 要减少对手机的使用,你需要学会使用"替代性补偿",以解决"累了""烦了""孤独了"的问题。

如何解决"你累了"？

很多时候，你之所以把手伸向手机，只不过因为"你累了"。现代社会的快节奏让每个人都疲于奔命；工作、生活、学习、社交都会让我们疲惫不堪。

可惜，手机并不是缓解疲劳、快速回血的最佳方式。

不管是奔波一天后的**身体疲惫**、用脑过度之后的**脑力疲惫**、还是应酬之后的**情绪疲惫**，都需要你的正视，需要你采取有效的行动去化解。

心理学家克拉克·赫尔认为，人的各种生理需求（比如饥饿、干渴、疲乏、困倦、孤独）就像在不同木桶中盛放的水，当水量积累到一定程度，木桶所承受的压力就会增大，这个时候人就会动用内驱力去满足该需求，释放相应的水量，否则人体系统就没办法正常运转。比如，饿了几个小时后，"饥饿感"水桶里的水位太高，我们就需要靠吃东西来缓解这种需求；学习了太久后，"疲乏感"水桶里的水位太高，我们就需要靠休息来缓解这种需求。

在高速运转的现代社会，身体与精神上频繁的疲惫感几乎是不可避免的事情。**高手和高手之间真正的比拼，将不再只是"如何高效工作"，而是"如何高效休息"。**

最新的研究告诉我们，虽然疲劳的时候把手伸向手机是一件很自然的事情，但由于"玩手机"会占用脑资源、导致大脑紧绷，它并不是最好的回血方式。这主要是因为：

1. 在我们刷短视频、看剧、看新闻、使用社交媒体时，大脑依然在消耗"意志力"和"注意力"，脑认知功能和感官功能并没有得到真正的休息，而是依然在不断接受外界刺激、不断消耗能量。认知负荷和信息过载会让我们的大脑更疲劳，而不是得到休息和放松。
2. 手机所提供的新鲜、意外、快节奏的娱乐内容，会刺激大脑分泌产生奖励感的多巴胺，而对奖励回路的频繁过度刺激，会削弱大脑对生活中普通奖励的敏感性。换言之，在玩手机之后，大脑已经被过度奖励了，再面对日常生活和工作中的奖励，我们的大脑却兴奋不起来，而是感到无聊倦怠了。
3. 社交媒体和短视频中含有大量虚假信息、负面信息，会引起无谓的焦虑和担忧，消耗自己的能量，让人感到更无力、更疲倦。

因此，手机并不能真正解决"我累了"的问题，而往往让我们更加身心疲惫、注意力涣散。

如果你想最快速地给自己充电，有效地恢复体力、脑力、情绪资源，应该采取以下方法：

- 彻底离开工作环境（切换大脑模式，增加神经活动和多巴胺

释放）
- 轻松地运动，如散步、瑜伽、慢跑、伸展运动等（释放内啡肽）
- 短时间午睡或小憩（提高认知能力、记忆力和创造力）
- 冥想、深呼吸、身体放松术（激活副交感神经，降低心率和血压）
- 接触大自然（降低皮质醇等压力激素）
- 社交互动，如跟朋友或同事聊天（释放催产素）
- 参与创造性活动，如绘画、制作手工艺品、园艺、烹饪（释放多巴胺，提高愉悦感）
- 享受艺术，如听音乐、欣赏艺术品等（释放情绪、转移注意力）

以上这些休息方式能够帮助我们转换脑场景，放空大脑，重启认知情境。

在疲倦的时候继续玩手机，表面上看似乎在放松，但实际上大脑的兴奋感开关依然在开启，大脑并没有彻底放空，也无法得到彻底的休息——这个时候你的能量感实际上是在一点点漏出，你会感到看了半天手机，却还是很累，还是不想干活。

找到并利用合理的替代性补偿可以解决这个问题。最好的办法是，每天专门为自己安排一段"休息时间"，主动休息，而不是被动休息；有计划地休息，而不是漫无边际地休息。

在休息的时候，你还要分辨自己到底是"哪一块肌肉"疲劳。比如，研究者发现，现代人很少是真的因为身体的物理性原因而感到疲劳，大部分情况下是脑力疲劳、心理疲劳、情绪性疲劳导致了劳累感。也就是说，"心累"往往比"身累"更能吸走能量。

大多数时候你感到"累"，其实是因为一件事做得太久，想要换个频道，转移注意力，在一段时间内不再触碰这件事情。因此，在多任务之间的来回切换，有时候是非常有效的大脑休息方式。如果你有几件不同的任务在手里，比如写作、洗衣服、设计方案、完成培训等。你可以考虑每个任务做30至45分钟，然后转换到下一个任务。这种任务间切换的方式能让大脑保持兴奋感，减少因单调感引起的疲惫。

由于"脑力疲劳"和"体力疲劳"是两种完全不同的疲劳，它们之间的"交替活动效应"其实非常值得为我们所用——你会发现当你做"体力活动"时，其实是让大脑休息，而做"脑力劳动"时，又是让身体休息。学会频繁地在不同类型任务之间转换能够激活大脑的不同区域，降低疲劳感。

比如，如果有朋友从外地来访，你需要周末在家里做一次大扫除，而公司同时又安排你周末设计出一套几千字的产品方案——那么让人相对愉悦的安排是在这两种任务之间来回切换。例如规定自己做1小时家务，写1小时方案，再做1小时家务。如此循环往复，你会发现，这远比连做5小时家务再写5小时方案容易得多，因为你有效利用了不同种类疲劳之间的"对冲效应"。

这个例子还告诉我们，所谓"疲劳"和"休息"都是相对的概念——某种肌肉的疲劳，可能是另一种肌肉的休息。这就是为什么越是工作强度大的脑力工作者越应该保证充足的体力活动，才能吃得香睡得好。

除了身体疲劳和脑力疲劳以外,"情绪疲劳"也是不容忽视的痛点。

情绪疲劳是指因为你的工作性质或家庭义务的需求,不得不给别人付出很多的情绪能量,例如给予同情心或展现关怀、为他人制造快乐、推动他人积极向上等。这种情绪能量的频繁给出,可能导致你过度消耗了自己的情绪能量,从而引起了疲劳。

很多服务行业的从业者、长期乙方代表、需要照顾宝宝或家人的人,都容易出现情绪能量的耗竭。许多人没有意识到,"情绪"也是一种有限资源——你不可能毫无止境地向他人输入快乐、关怀或正能量,你也需要专门有时间来补养自己,不断地重新补足情绪资源。

从这一点来说,系统性地学习自我同情、关怀自己的感受、每天安排固定独处时间、提升自身愉悦感极为重要。下一次你再为愉悦自我而感到内疚时,应该想到你正在为更好地服务他人积攒情绪能量。

当你在脑力、体力、情绪这三方面都休养充足、能量满满时,你会发现自己对手机的依赖也会大大降低。

> **要点:**
> 主动休息和正确休息,会自动降低人对手机的依赖。

如何解决"你烦了"？

成年人的生活经常是两点一线、朝九晚五、柴米油盐酱醋茶——我们似乎都逃脱不了单一、无聊的日常重复。

"日子已经这么无聊了，难道你还要拿走我的手机吗？"这大概是很多人内心深处的呐喊。

我们必须承认，人类基因里天生有"不安分"因子——多亏了这种"不安分"，我们的祖先才在食物短缺、自然条件艰苦的情况下走出丛林、开疆拓土、尝试各种食物和生存方式。人类骨子里就有对"新鲜""兴奋""好玩"的追逐，这些东西让我们产生多巴胺，让大脑时常兴奋一下。

感到厌烦不见得是坏事，它说明你还拥有向往自由的灵魂，还没被现代化这部大机器彻底规训。事实上，我们应该呵护这种对重复感的厌倦、对未知的好奇、对新鲜事物的热情，是这些情绪让我们不断去探索、去挑战、去创新。

然而，当试图用手机缓解厌烦感时，它给我们提供的娱乐通常是"消耗性娱乐"，而并非"高质量娱乐"。

所谓"高质量娱乐"，是指那些在娱乐活动后能增加能量感、让你更好地投入生活和工作的活动。相反，"消耗性娱乐"会让你在娱乐后能量感降低、更不想投入生活和工作。

如果你玩手机也能达到能量感增加的效果，那么玩手机就不会成为问题。手机上瘾之所以成为很多人的困扰，是因为玩的时候误以为能量感增加了，但放下手机回到现实世界之后，你更不愿接受现实、更难集中注意力，自责、灰心丧气、感到厌烦和疲惫，能量感更低。

如果你有这些感觉，说明玩手机对你来说就不是高质量娱乐。

无意间陷入"消耗性娱乐"，会把人的大脑兴奋点转移到一个虚无的、远离现实世界的活动上。而当你再次面对现实世界的鸡毛蒜皮时，大脑便会变本加厉地感到无聊、无趣、难以沉浸在当下的生活和工作中。

过度依赖手机获取愉悦感的另一个问题，是多巴胺的易逝性和反噬性。

让人类感到快乐的激素分为"此刻激素"和"未来激素"两大类。"此刻激素"以内啡肽和催产素为代表，它们在你沉浸在当下的时候产生，比如散步、欣赏自然风光、沉浸在高质量的工作里、跟家人和亲密的人在一起等；"未来激素"则以多巴胺为代表，它在你向往美好未来的时候产生，比如期待下一秒朋友圈的点赞、期待下一个未知的手机推送、期待游戏中忽然降临的奖励等。

手机给我们带来的快乐情绪主要是依靠推动你脑中的未来激素，而由于人对多巴胺的耐受会呈现出边际递减效应，我们会很快适应某种强度的兴奋感，而迅速对此不再满足，继而想要通过追求更高的多巴胺而让自己快乐，循环往复，永无尽头。例如，以前让你觉得搞笑的短视频多看几次就无法激起你的兴趣，你需要看更酷更炫的视频；以前收获100个人的点赞你就会感到很开心，但接下来你会期待有200个、1000个……

一味地追求由多巴胺升高所带来的快感，会让我们对多巴胺的飙升上瘾，在多巴胺下降后又明显落入情绪低谷，让人想要迅速躲避这种下坠感。于是最偷懒的办法就是再次拿起手机，去寻找更爆笑的短视频，期待更多人次的点赞，找到更让人震惊的新闻或图片……

那么，有没有办法让我们脱离对多巴胺依赖的怪圈呢？

《多巴胺国度》一书的作者，斯坦福大学医学院的精神科医师安娜·伦布克告诉我们，调节"情绪跷跷板"的方法可以重置大脑的奖励回路，让人脑重新体会到日常生活中简单事物的快乐。

安娜·伦布克认为，人的情绪机制是一个寻求平衡的跷跷板，为了持久生存，人类的大脑进化出了一种自动寻求情绪平衡的能力，即让人保持不能过度苦闷，也不能过度开心。因此，当一个人获得了大量的由多巴胺升高所引起的快乐时，他的情绪跷跷板就会自动向另一边倾斜，从而更容易出现抑郁、苦闷、无聊、厌倦等情绪，以此保持情绪恢复到基本平衡；反过来，当一个人感受到了大量的痛苦之后，情绪也会向跷跷板的另一边（即快乐）倾斜，从而恢复到基本平衡。

因此，适当选择"自愿地受苦"，重置大脑对于快乐的感受，才是长期、稳定地保持快乐的最大法门。

从这个角度讲，有一定难度的体力劳动、长跑、冬泳、冷水浴、轻断食等，都是能带来长期快感的"自愿受苦"活动。这些活动会促使你的情绪平衡器感受到一定的痛苦，从而向情绪跷跷板的另一边倾斜，让人更容易体会到积极情绪。

对于手机上瘾症患者而言，通过一些小窍门降低手机使用的愉悦感，也会快速降低使用手机的欲望。

亚马逊公司的研究发现，电子产品的页面加载速度每延迟100毫秒，就可能导致其销售额减少1%。这意味着，降低电子产品的使用体验，例如在刷新速度上变慢、网页变为黑白色等，都能够迅速让人降低对其的使用欲望，不再需要你主动去戒断。

另外，我们要学会多依靠"此刻激素"来感到快乐，避开因为多巴胺依赖而形成的上瘾行为。

如何增加此刻激素所带来的快乐呢？你可以尝试以下方法：

1. 多享受创造性活动的当下，比如做手工、写小说、画画、做个小发明、拍小视频、制作音乐等。享受从无到有的创造过程是人类基因里的需求，"创造"一个东西往往比"摄入"一个东西更能让人沉浸到当下。人们应该多尝试从消费各种娱乐产品，转为创造不同的娱乐产品。

2. 多记录让你惊叹的大自然，比如，去观察和记录100种花草树木的名字，去野外识别鸟类和昆虫，去欣赏四季里大地与星空的变化，用五感体会土地和植物的味道。与大自然相处时，你的快乐是来自此刻激素的，它不会让你上瘾，而是持续不断地给你喜悦和平静。

3. 每天做一点让你快乐的体育运动，比如羽毛球、篮球、跑步、徒步等。竞技类体育运动尤其需要你集中注意力在当下，能缓解脑力劳动者的精神疲倦。
4. 多参与跟人面对面互动的游戏，比如桌游、竞技类运动、棋类、剧本杀等。
5. 参加社群兴趣小组，比如读书会、运动小组、写作社、戏剧社、志愿者小组等。

寻求"乐趣"是人类自然的天性，你不应该扼杀它，也不必责备自己太容易厌烦、没有意志力。 你应该做的，是专门花时间、花心思给自己创造"高质量娱乐"。当你内在的娱乐需求被充分、有效地满足，就不再需要依赖手机来获取快乐。

> 📝 要点：
>
> 　　主动设计娱乐方式满足自己对高质量娱乐的需求，多依靠"此刻激素"，减少对"未来激素"的依赖。

如何解决"你孤独了"？

我们对电子设备、手机 App、社交媒体欲罢不能的另一个底层原因，是现代社会中的人极度缺乏社群感、连接感、合作感。

感到孤独并不可耻。对群体的依赖和对他人温情的寻求，都是人性最基本需求的体现。脑神经学家通过研究发现，**人在不需要思考任何事情的时候，大脑的默认状态是"社交脑"**——即大脑会通过碎碎念的方式自动回想或计划跟他人互动相关的事情，比如回忆跟同事之间的互动、别人说过的话、他人脸上的表情、自己的回应等。

想要跟他人互动、想要成为团体的一部分、想要被他人接受……这些是人类最底层、最正常、最合理的需求。从进化心理学的角度讲，跟他人的互动让我们感到安全、有支撑、有确定感；被他人拒绝或孤立让我们感到生存受到威胁、想要战斗或逃跑、能量感匮乏。因此，你的孤独感是在告诉你，要去建立跟他人的连接，要去寻求安全感和支撑感。

既然我们生来带着对社群感的需求，就有理由正视它、接受它、认可它，并好好照顾自己的这份与生俱来的需求。**不去否认或躲避孤独，也不以感到孤独为耻，是走出孤独的第一步。**

那么，怎样才能有效地满足自己的社群需求呢？

大量研究告诉我们，在打败孤独这件事上，人类真的对电子产品寄予了过多的期望。通过发短信、线上互动、电子邮件等方式交流，虽然能增加沟通的频次，却并不能满足我们对社群互动的深入需求。而真正有效的办法，是"**面对面的交流**"以及"**深层次的互动**"。如果你真的想跟人产生连接，什么都替代不了面对面坐在一个屋子里进行交流。

从传播学的角度讲，"面对面交流"能实现最大的渠道丰富性（channel richness）。因为你能够在交流时通过语言、声音、体态、表情、氛围等因素得到最丰富的信息，把人类几百万年进化而来的视觉、听觉、嗅觉、判断力、沟通力同时发挥出来，在情绪和信息的时时互动中感到满足和安全。

除了增加面对面交流的机会，增加"深层次互动"也非常重要。在生活中，大部分以信息传递、寒暄、日常事务为主题的沟通都属于"浅层次沟通"，无助于感情投入、个人表达或深入的精神交流。而我们在手机和电子产品上大部分的沟通都是浅层次沟通。

"**深层次互动**"则是指那些能表达内心感受，进行精神交流，分享个人真实想法和感受，实现认真倾听和积极参与的互动。我们在这样的谈话中感觉到自己被听到了、看到了，我们的感受和情绪不再是一个人的体验，我们通过这些真实的自我感受，与外部世界搭建了有意义的联系。

不妨回忆一下，你上一次跟别人进行深层次互动是什么时候？很多人甚至无法回忆起这样的经历，因为我们生活和工作中大部分与他人的沟通需要，其实通过浅层次互动就能实现了。

但即便你和他人接触再多，如果只是停留在浅层次，那么你依然容易感到孤独。增加深层次互动是降低孤独感、提升幸福感的有效方式。

增加深层次互动的方式有很多，例如：

- **投入地跟他人一起做一件事情**，比如创业、开公众号、开设专栏、建立社团。
- **参加至少一个兴趣小组**，比如绘画、看电影、长跑、读书小组等。
- **帮他人解决问题**，比如参加志愿者活动，参与社区服务等。
- **主动跟别人约饭聊天**，增加面对面交流，并在交流时多倾听、多提问、建立情感共鸣。
- **跟朋友讨论自己真正关心的话题和深层次问题**，如各自的价值观、人生规划、生活的意义。

每个人都是一座需要跟他人连接的孤岛，想要成为某个更大群体的一部分，是人类的底层需求。明白了这个道理，你在拿开手机的同时，就需要主动给自己制造跟他人更有效、更有意义、更深层次的互动方式，让自己的能量感通过社交渠道得到提升。

> 🖉 要点：
>
> 用更高质量的社群互动，来替代手机带来的社群感。

第五章

打造属于自己的能量感系统

我们在本书中始终强调，能量感才是让一个人的学习和工作不断推进的关键。如果能有效地打造专属于自己的能量感系统，就能连续不断地行动并获得能量感，走出低迷倦怠。

到底该怎么做呢？本章我们就来具体讨论让自己产生能量感，应该从哪些方面努力。

找到最适合自己个性的能量感产生路径

先来看一个例子:

小葵面临考研和出国的抉择,但无论怎么选都需要有良好的学习状态。她制订学习计划的劲头很高,但学习效率很低,这让她深感挫败:

"我总是不自觉就拿出手机来刷微博和朋友圈,有时候会在图书馆里待一上午,刷完手机就到饭点儿了,起身去食堂吃饭。这个上午毫无成效,下午就开始烦躁不安,于是我又摸出手机刷起来,一天就这样过去了。晚上熄灯之后躺在床上,满心沮丧,也对自己感到失望。"

小葵的状态,其实就是进入了"低能量感的恶性循环":

低能量感 ⟶ 想做事 ⟶ 完不成目标 ⟶ 自我苛责 ⟶ 更低能量感

因为没有找到**提升能量感的突破口**,给自己过高的预期、过多的目标,实际上只会起到反作用,制造出更多的压力和挫败感,让人陷入"慢性低迷"无法自拔。

而能量感正向维持的个人系统,依赖的是以下路径:

高能量感 ⟶ 付出行动 ⟶ 完成目标 ⟶ 提升能量感 ⟶ 进一步行动

可见，我们首先要思考的是，**如何把个人能量感从低调高，并且持续产生有效的能量感**。这才是改变状态的关键。

如果你观察一下身边能量感最高、维持得最稳定的人，你会发现，**最持续的能量感一定来自从内到外地"做自己"**。

如何算是"做自己"呢？

"做自己"不是指任性妄为、一意孤行，**而是充分地了解自己能量感起伏的独特规律，知道如何在 A 点（此刻的你）和 B 点（达成目标的你）之间选择有效路径，以最佳方式激活能量感**。

由于每个人天生和后天的差异，产生能量感的路径也大相径庭，我们无法简单复制别人的能量感路径，就像性格外向者需要通过跟他人接触增加能量，而性格内向者则需要通过独处来增加能量一样。我们要做的是找到能激活自己能量感的路径。

我们可以想象有两个点，第一个点是 A 点，代表现在的你；第二个点是 B 点，代表已经实现目标后的你。

A	能量感推动路径 ⟶	B
现在的你		实现目标后的你

现在要解决的问题是，**如何找到一条最有效的路径，能让自己从 A 点顺利地平移到 B 点去。**

所谓最有效的路径，**就是最能让你不断产生能量感，让你觉得做起来最兴奋、有热情、不觉得累的路径。**

拿学英语来举例子。假如你此刻是个英语小白（A 点），一年之后希望成为英语高手（B 点），怎样选择一条最能让你产生能量感的路径呢？

首先是尊重内心的兴趣——例如，许多人能学好英语是因为他们把它跟自己的爱好连接在一起，比如喜欢电影、喜欢读书、喜欢听歌，这样就找到了一个最容易的努力路径。另外，在国外打工、生活、学习，跟讲英语为母语的人交朋友、谈恋爱，这些也能容易地获得能量感，在不知不觉间将人从 A 点推到 B 点。

其次，对于有好胜心的人来说，哪条路径能帮你产生"竞赛感"和"挑战感"，它就很可能是你最省力的努力路径。例如，有些比赛型的人在竞赛和挑战中就会异常兴奋，在此情况下，"以赛带练"就是个好方法，例如参加各类英语竞赛、参加模拟招聘比赛、报名马拉松比赛、参加演讲比赛和辩论赛、建立个人挑战 100 天目标、参加长篇写作拉力赛……通过去迎接挑战来增加能量感，最终实现从 A 点平移到 B 点。

再次，对于外向性格的人来说，最容易的努力路径一定有"社群感"加持。由于外向者将与他人相处看成一种奖励，因此可以巧妙地利用"社群感"来寻找最容易的努力路径，从而获得能量感。

再以建立读书习惯为例。假如你现在是个没有读书习惯的人（A点），但希望自己能规律地读书（B点），如何选择最有效的路径，从而让能量感推动自己平移到B点呢？

你可以尝试以下方式：

- 参加某个读书会，通过跟朋友一起读书来增加趣味性。
- 每读一本书都建立一个共读微信群，并组织大家讨论，规律性晒出自己的读书进度、读后感、疑问等。
- 不把读书当作目标，而把读书后的分享当作目标，例如每读完一本书都做一次音频或文字形式的读书总结，分享到社交平台，转发给家人、朋友。
- 去读自己偶像喜欢的书，心上人喜欢的书，自己喜欢的歌手、诗人、作家、创业者、老师等推荐的书……从欣赏的人那里寻找能量感。
- 给自己发起"一年30本书挑战赛"，每读完一本就写短书评、晒朋友圈，利用分享行为获得能量感。

除了利用兴趣、竞赛、社交，你还可以利用对金钱兴趣与损失规避倾向、助人后的情绪福祉、情绪共鸣、使命感、成就感、探索欲等多个方面去寻找最容易的努力路径。以下是一些总结和例子：

- 使用英语帮助外国人解决实际问题，比如做导游；帮助别人提高英语成绩（助人型兴奋）。

- 每完成一个英语学习目标,就向自己用于消费的银行账户转一笔钱,以此作为奖励(金钱兴趣)。
- 通过参加英语竞赛或考试,获得奖项(自我挑战及成就感型兴奋)。
- 在众人面前做英语演讲、表演英语剧、唱英语歌(兴趣感+社群感)。
- 读英文小说、听英文歌、看英文电影、玩英文游戏(兴趣感)。
- 参加英语角、英语俱乐部、英语考试支持小组(社群感)。
- 跟英语为母语的外国人谈恋爱(社交感+恋爱多巴胺)。
- 与朋友或家人分享你在英语学习上的成功和挑战,感受他们的支持和共鸣(情绪共鸣)。
- 通过英语杂志、报纸、纪录片等了解外面的世界(探索感+兴趣感)。
- 通过想象自己英语精通后的体验、成就感、现实好处,来推动英语学习(成就感)。

哪个路径最适合你呢?这要看你的能量感触发机制是怎样的——比如,你是内向还是外向的人、你有哪些独特的爱好、是不是喜欢竞争等。

很显然,慢慢摸索自己的能量感产生路径十分重要。

每个人的能量感触发机制大相径庭,只有当你找到专属于你自己的能量感路径时,才能轻松而有干劲地实现目标,并且从中获取更多的能量感。

当你做事的方式实实在在地契合了自己的能量感路径，就会觉得做事情很容易、很有干劲、精力充沛；如果你的"打开方式"不对，就会觉得疲劳、无趣、烦躁、无法坚持。

从这个角度来讲，发现和尊重自己独特的喜好、热爱、性格特点，是非常重要的——你先要发现自己是什么样的人、能量来源是什么，然后才可能找出合理的路径。

无论使用哪种路径，我们应该意识到，从每一个 A 点平移到每一个 B 点的路径不止一种，你应该选择最能使自己产生能量感的那种路径，而不是大多数人都在使用的一种——因为适合大多数人的方法未必适合你。

如何知道自己的能量感来源呢？以下是一个 5 分钟可以完成的练习。

请拿出一张纸，在纸上分别写下以下几个问题的答案：

1. 在你过去的所有人生经历中，能量感最高的三个瞬间是什么？你的高能量感是由哪些具体活动、情境、缘由引起的？
2. 在过去的一个月中，你能量感最高的三个时刻是什么？你的高能量感是由哪些具体活动、情境、缘由引起的？
3. 试着展望未来的一年，你觉得最让你兴奋、激动、期待的 3-5 件事情是什么？
4. 在你朋友眼中，有哪些事是你做得很轻松、不费力，但别人觉得很困难的？

这些问题值得反复思考。可以每隔一段时间做一次这个练习，因为人的能量感路径会持续动态变化。我们的目标是把自己获得能量感的路径不断扩大和延展。

在几次练习后，当你的答案逐渐趋于稳定，就会从中发现自己获得能量感的路径。

> **要点：**
>
> 从 A 走到 B 的路径有很多选择，要了解自己的能量感是怎么产生的，并选择最能获得能量感、最容易努力的路径。

使用"内生驱动"而非"外生驱动"路径

人做事的动力到底是依靠什么来维持的呢?为什么我们有时候会觉得动力不足,没办法获得能量感呢?

最新的心理学和脑科学研究告诉我们,真正稳定而持久的激励感来自"内生驱动",而非"外生驱动"。一切高产、高效、干劲十足、持续奋进的人,都一定是找到了充足的内生驱动路径来获得能量感。

具体来说:

- **内生驱动** (intrinsic motivation),是指人自己从内心产生出来的动机,比如属于自己的爱好、兴趣、助人的成就感、自我实现后的快乐。
- **外生驱动** (external motivation),是指外界的要求、预期加在我们身上后所产生出来的动机,比如学校或公司的纪律规定、规章制度、行为准则、考核制度、绩效标准、老板的表扬等。

我们在成长过程中,最开始都生活在"外生驱动"的世界里,这使得大多数人都没有意识到,自己从未调用过真正有效的能量感来源——大多数人所做的选择、为之努力的事情,都是由外界要求、规定、安排,不得不做的事,都是为了符合他人的标准或预期,而非内心需求的驱使。这导致我们大量内在的潜能仍在沉睡,从未苏醒。

而外生驱动太大、太强,又会啃噬宝贵的内生驱动——心理学家发现,当人的行为过多地被外生型驱动影响时,就会产生"挤出效应"(crowding-out effect),挤走你本来拥有的内生驱动。

比如,科学家做过这样一个实验:找来一群以看报纸和猜字谜为爱好的大学生,让他们每周按照固定次数完成阅读报纸和猜字谜的任务,每完成一次,就给他们一些金钱上的奖励。

刚开始,这些受试大学生们非常开心,因为在做自己喜欢的事情,同时又能拿到报酬,于是热情高涨。但是接着研究者慢慢降低了报酬,并且最终撤走了对他们读报纸和猜字谜的金钱奖励。

结果怎样呢?

研究者发现,这群受试大学生里有很大一部分人就此停止了读报纸和猜字谜这两项活动——也就是说,这些大学生原来是把这件事情当成爱好(内生驱动),但当金钱奖励(外生驱动)被加进来、又被撤走,人的大脑就会误以为自己是因为金钱(外生驱动)才做这件事情的,而忘记了自己本来就喜欢做这件事。

这就是外生驱动对内生驱动的"挤出效应"。

在我们尚未反思过的人生经历里,不知不觉间曾发生过多少类似的事情?这是值得深思的问题。

当我们发现有来自外界的要求、规范,或是金钱、激励、表扬的时候,大脑会误以为我们之所以做某件事是为了达成外部标准,或是为了获得别人的表扬、获得金钱的反馈等。

时间久了，大脑会让你以为自己是不得不做这件事，而不是因为你想做、你喜欢。

人的大脑就是这样容易被欺骗。

其实，我们选择做一件事，很可能有强大的内驱力。

比如"学习"——人类学家和生物学家已经充分证明，人类天生具有喜欢探索、对未知好奇、喜欢学习新技能的天性。这一点在人类的近亲大猩猩身上也被反复证明。

每个人的血液里都有对"学习"的渴望，但因为外部强加的要求太多、期待太多、奖励太多、惩罚太多，因为从小在应试教育的环境中长大，导致我们的大脑习惯性地误认为"学习是为了别人""我不得不学才学的""学习不是我喜欢做的事"。

然而人生是我们自己的，我们值得去发挥自己本该有的生命潜能，去实现自己合理的欲望。

重新找回让你产生能量感的内生驱动路径，而不是依靠外生驱动路径，才是最终能让你走出低迷状态并走进正向能量循环系统的方法。

持续的能量感和有效的能量感，一定是从内向外的，也就是说要依靠内生驱动，而让外生驱动作为次要的激励方式。否则，当外部的激励感超过内部的激励感，这个行为就持续不下去。

因此，如果学英语、早起、考上公务员、考研成功等，都只是家长、老师、别人的要求，外界的期待，而没办法激励出你内生的动力，那么你即便一开始冲劲十足，慢慢地也会感到缺乏动力，必须不断动用意志力资源来完成。这显然并不是让能量感良性运转的系统。

所以，在寻找能量感路径的过程中，核心就是去找到一条能够让自己持续产生内生驱动和热情的路径。

哪些方法最容易让我们产生内生驱动呢？

近些年的社会科学研究发现，以下这些方法是有效的：

1. **关注真实而独特的个人兴趣、爱好、热情**：比如你爱玩游戏、爱听音乐、爱看电影，这些东西别人都拦不住，那么所有跟你兴趣爱好相关的东西，都让你从内到外获得能量感。
2. **关注自己对外界施加的影响力**：当我们做的事情对他人产生了影响之后，就会获得能量感——比如我们帮助了别人、我们做的产品影响到别人了、我们发的公众号文章被别人看见了、我们做了志愿者、我们去救灾现场，我们不远千里去给需要的人送饭送水……这些都是我们对世界施加影响，会让人从内到外生出能量感，而且这种能量感是非常稳定和强大的。
3. **关注专精感与成就感**：想把一件你真正在乎的事情做成，你就会获得动力，如果这件事成功完成了，你就会获得能量感。这可能是你赢得了一个物理竞赛，可能是你编程做了一个有用的小程序，可能是你成功组办了一台演出，可能是实现了去某个公司实习的目标，可能是成功入选选秀比赛……给你成就感的事情不需要有多大，但一定要是你"真正在乎"的，能给你专精感的，而不是别人要求你、规定你、强迫你做的。

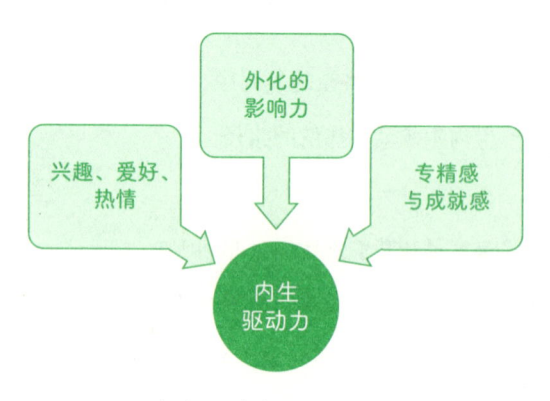

```
[兴趣、爱好、热情]  [外化的影响力]  [专精感与成就感]
              ↘      ↓      ↙
                (内生驱动力)
```

内生驱动力的建立通道

这些内生驱动的奖励会慢慢对你产生正反馈——你会感觉是因为自己能做好、真的喜欢，因为自己真的很重要、有价值，所以才去做某件事。这种内生的能量感非常强大，非常持久，非常好用。它能带动我们个人能量感系统不断向前运转，并帮我们成为真正想成为的那个自己。

当然，外生驱动也有其作用——比如家人对我们的期待、客户对我们的要求、上司规定的 deadline、领导的表扬……这些外部因素同样能在一定程度上激励我们。但是要意识到，外生激励的效果更短暂、更表面。真正能让我们维持长期动力的，一定是内生驱动的能量。

给你留一个练习：接下来的两周，仔细观察你身边那些长期热爱工作、热爱学习、每天折腾、不断创业、不断探索的人——即你眼中的"高能量者"，去了解他们努力行动的背后，是有哪些强大的

内生驱动的支持。你可以向他们询问答案,也可以自己观察总结,然后将其按本节介绍的不同类别,对其内生驱动进行分类。

> ✏️ 要点:
>
> 人需要停下来反思:我做一件事的内在驱动力是什么?如何把现有的外在驱动转变成对自己真正有用的内在驱动?

如何利用"自主感"提升能量感?

接下来具体说一下,要想让所做的事情给我们内生的能量感,必须要具备哪些条件。

著名作家丹尼尔·平克在《驱动力》一书中总结了社会科学的研究结果,发现了三个内生驱动产生的必要条件,即:**自主感**、**专精感**、**目标感**。

首先,**自主感**是指我们对事情的掌控感,是觉得在做一件事情时有自由度、有影响力、有自己的空间,而不只是循规蹈矩、按章办事、被动执行。

越是能给你自主感的工作,越能让你体会到满足和快乐;越是缺乏自主感的工作,越会消耗人的灵气和生机。

例如,"制作麦当劳汉堡"和"报道新闻"这两个工作相比,后者的自主度显然就更高。麦当劳汉堡的制作过程需要满足标准化要求,用料、程序都有固定的流程,你不能发挥想象力去创造,商家要的就是给全世界的顾客提供标准化的体验。相较而言,报道新闻的过程允许记者选择不同内容、不同角度,采访不同对象,甚至可以决定报道的长度、什么时候推出报道等,当然就更有趣味性和自主性。

这里的启发对我们非常重要:你只会在能感受到自主感的事情

上长期坚持下去。

组织行为学的大量研究印证，**那些在工作中获得更高自主感、更多掌控感的员工，会更热爱自己的工作、产出更高的绩效，也更少选择离职。**

仔细观察，你就会发现，所有连续成事者都是在自己的工作中获得很高自主感的人——他们都不是被迫的，而是自己愿意努力、自己选择了自己的道路、对工作内容和方式有很强的掌控感。

当一个人在某个活动中长期缺乏自主感和控制感，他一定会觉得倦怠。因为他仿佛被强行钉在一块木板之上，丧失了"所有权感"(sense of ownership)和个人存在感，这件事对他来说不再能产生能量，而是不断消耗能量。

工业革命之后，人类的工作内容被细分又细分，导致人们就像卓别林的电影《摩登时代》里一样，每天反反复复做同一件事情，不断地拧螺丝。这就解释了我们为何不愿意上班，为何在上班时会产生强烈的厌烦、单调、疲倦、无意义感。

那么我们能怎么做呢？

我们应该意识到：在有选择的情况下，多做那些给你较高自主性的工作和活动；在没有选择时，利用一切条件在现有的工作中创造自主性。唯有如此，才能找到提升能量感的方法，不让意志资源枯竭。

我们需要主动思考，如果稍稍拧动"自主性"这个开关就可以实现能量感的提升,那会是什么样的方法?

比如:

- 调整任务达成的路径,使用创新的方法、独创的模型、效率更高的工具等,而不是一味跟随同事的做事方法。
- 在别人安排的任务里,找到自己可以控制和影响的因素,在允许的范围内给出自己的意见和反馈。
- 在很难施加影响的任务里,思考该任务会锻炼自己的哪些技能,能帮助我们更好地实现哪些个人目标和愿景,然后应用到下一份工作中。
- 在每一份工作中,都将心态设为"为自己工作",把更多注意力转向如何利用现有资源提升个人资本上。

其实,即使是在世间最机械化的工作中,也能找到一定的空间进行自由选择和调整。我们要做的,是在自主感很低的情况下,首先意识到它对自己能量感的影响,重视它,并努力寻求改变,从而让工作变得更丰富、更自主,推动自己的能量感向前走,保护其不被破坏。

> **✎ 要点:**
>
> 尽量避开低自主感的工作,并在现有工作中采用一切办法提高自主感,从而让能量感系统健康运转。

如何通过"专精感"提升能量感?

我们都有过类似这样的经验:当一件事是我们擅长的、拿手的,干起来就更有劲、更轻松,也更容易坚持下去并不断提升技能;反过来,如果一件事总是做不好,或者我们自认为很不擅长,就越发不喜欢碰它,最终失去对这件事情的兴趣和动力。

例如,在复习不同科目的考试中,你通常会更愿意复习那门你更擅长的科目,而对你不擅长的科目感到畏难和头痛。

之所以会有这种感觉,是因为"专精感"这种内生的能量反馈机制在发生作用——当你所做的事情给你"专精感",你就会自动获得能量感;当你所付出的努力没办法带来"专精感",你的脑中就会自动将其标为一个"惩罚回路",告诉自己要躲避它。

"专精感"是一个我们可以大加利用的好工具。一旦你在某项活动中获得专精感,就能体验到源源不断的能量感,游刃有余地将事情坚持下去。

"专精感"为什么能带来这么大的力量呢?对此,近年来在心理学和脑科学上的研究非常多,最广为人知的是关于"心流"(flow)的一系列研究。

你大概听说过"心流"的概念。它听起来很炫,但其实讲的就是当你全神贯注地进行一项活动时，完全沉浸其中，忘记了自我的存在、他人的评价和时间的流逝，从而进入了一种高度专注和充实的心理状态。这种状态使人感到深深的满足和高效，仿佛人与所做的事情融为一体，能体验到真正的快乐与成就感。

你喜欢打游戏、看动漫、追剧、打球、玩桌游时候的感觉吗？

"心流"状态给人的愉悦感受，甚至高于这些容易让人上瘾的娱乐活动。

难怪那些反复在创作中体会到心流的小说家、画家、作曲家、科学家、运动员会对他们的工作甘之如饴——因为一旦你找到能带来心流的活动，就会被它吸引，在脑中对它建立起奖励回路。

从脑科学的角度来看，当我们进入心流状态时，脑中负责理性思维的β波会减弱，而α波和θ波会加强——这会降低我们的紧张感，让我们在令自己舒服的领域驰骋，感到自在、满足和快乐。

可以想见，这种对事情的"精通感"、对"心流"的追求，会大大推动一个人做事的热情，因此是许多成事者常年保持高能量感的有效工具。

当我们把"追求实现某个目标"转换为"追求更多心流感"的时候，自然就会爱上自己所做的事情，从内往外焕发出能量，不仅自己干劲十足，还会感染身边的人。

如何让自己提升做事的"专精感"，从而更多地体会到心流状态呢？

研究表明，进入心流状态，需要以下因素加持：

1. 明确的目标和及时的反馈。
2. 挑战与技能的平衡。
3. 深度的注意力集中和高度自主性。
4. 内在驱动的热情和兴趣。
5. 有序的工作环境和日程安排。

显然,要培养"专精感",我们面临的挑战不应过高或过低。太难的任务让我们退缩,太简单的任务让我们觉得无聊,都无法进入心流状态。

因此,不妨尝试"刻意练习"的系统性方法来培养专精感和心流状态。所谓"刻意练习",就是有目的、有计划地进行高效训练,以达到技能的逐步提升和卓越表现。"刻意练习"的核心思想在安德斯·艾利克森的《刻意练习:如何从新手到大师》一书中有系统性的阐述。简要来讲,不是所有练习都是刻意练习,刻意练习有四大重要特征:

1. 要有明确而具体的目标——这意味着我们的目标要具体、可量化、可测量,也意味着你对该目标要有发自内心的向往,有朝向它迈进的渴望。
2. 要在舒适区域外进行拓展——这意味着在练习中要适当给自己一个此前不习惯承受的训练强度,但不应过高。
3. 要让练习在专注状态下进行——这意味着我们需要在一段时间内保持足够的注意力、集中精力、心无旁骛。

4. 要有外部反馈机制来提供指导——这意味着我们应该去寻求具体的、及时的、来自高手的外部反馈。

通过不断地刻意练习提升专精感,你会更容易进入心流状态,自然也会充满能量地持续做事。

> **要点:**
>
> 人可以通过刻意练习来提升专精感,其关键是设定具体而明确的目标、在舒适区外进行拓展、在专注状态下进行并获得来自外部的反馈。

如何通过"目标感"提升能量感？

很多时候我们之所以没有干劲，是因为误以为某件事"与我无关"——没意识到当下所做事情的意义。

意义感和目标感，对激发内生的能量至关重要。人是意义的动物，每个人都希望自己是更大世界的重要一部分，希望自己此刻的行动和付出尽快收到反馈。如果一件事本身只是为了完成外界标准或赚钱，那么这种外生性激励的效用就很难持久。

当一个人能把所做的事情跟自己人生的大愿景、大方向连接起来，就获得了长期目标感所带来的内生驱动。内生驱动威力巨大，能带动一个人精力充沛地拼搏和创造。

人类基因里其实都有"利他主义的需求"——会在乎别人的感受、愿意帮助他人、能从帮助他人的过程中获得能量感。如果我们能在自己所做的事情中找到对他人施加正向影响的因素，就会获得更多的目标感和意义感，生出更多能量。

即便是面对同样一份工作，同样一项活动，当你发现了这件事的意义和与你人生目标的相关性，你的能量感就会大不相同。

有一项科学研究专门揭示了目标感的重要性。研究者召集了一批专门负责打电话筹款的客服人员——因为工作非常单调并且经常被人拒绝，这些人经常抱怨自己的工作，离职率也很高。

研究者把这些客服工作者分为两组，给了他们同样一段打电话的话术，但在向两组工作人员介绍他们的任务时采取了不同的方式：在向第一组客服工作者介绍这项任务时，只告诉他们应该做什么，而没有强调这项工作的意义；而对第二组的客服工作者，研究者告诉他们所打的电话是为了给几百名没有足够资金完成学业的孩子筹集教育资金，他们的工作将能帮助这些儿童获得教育机会。

实验的结果显示，虽然两组人员面临的工作任务是相同的，但第二组客服人员因为了解了做这件事的意义，不仅将工作干得更好，而且在工作的过程中也特别起劲。这是因为，他们把一份琐碎的、不得不做的工作，跟更大的目标、社群、个人意义感联系了起来。

这项研究告诉我们：在做任何事情的时候，想找到足够的内生驱动，一定要把这件事跟自己的价值观和人生愿景联系起来。

比如，你为什么要学英语？为什么要考研？为什么要找工作？为什么要养成读书的习惯？

如果你找到的原因只是别人对于你的要求和期待，那就说明，你还没能充分利用"目标感"这个能量感提升法宝。

你应该试着问自己：学英语是为了考试、升学、留学，还是有更大的意义呢？虽然我现在做这件事主要是因为外界的要求，但是，它跟我个人的人生目标、意义感是否能产生关联呢？

也许你将来想做翻译，帮助不同国家的人更好地交流；你也许想用英语写新闻，让更多的读者看到你所关注的世界；你也许想学了英语之后，教会更多的人学英语；也许，你想学好英语，是为了给某个人做努力学习的示范；也许，你想在学英语的过程中练就坚持的习惯；也许，你希望学好英语以获得更高的自信和成就感；或者，你如果能顺利通过考试、拿到学位，将来就能更好地做自己想做的事情，帮助到更多的人……所有这一切，都是把学英语这件事跟你自己的目标感、意义感联系起来的有效途径。

在《自控力：和压力做朋友》一书中，凯利·麦格尼格尔提出了一个很好上手的方法，帮助人们通过找到更大的目标而提高学业成绩和工作质量，即"变自我关注为更宏大的目标"。利用该方法，我们应经常问自己以下问题：

- 在生活或工作的任何重要领域感到压力时，问问自己："我更宏大的人生目标是什么，现在所做的事情会怎样帮助到我这些人生目标？"（比如，你的人生目标可能是开设一家世界500强公司，为了将来拥有强大的执行力和意志力，你现在所从事的艰难工作，可能会锻炼你的毅力和耐心，帮助你成为更好的管理者。）

- 你想给周围的人带来什么积极影响？（比如，你想让谁更健康、更有活力、更有知识、过上更好的生活？你如何能扩大你的影响力？）

- 在生活或工作中，有哪些人生使命在激励你？（比如，让生活变得有趣，让工作不再枯燥，给更多人带去知识，让更多人健康生活？……）

- 你想为这个世界贡献什么？（你对哪些现有的状况不满意？你想改变什么？改变谁？）

麦格尼格尔还提到，那些经常思考个人价值观的人会更好地使用自己的时间，也会觉得自己的生活、自己的痛苦都更有意义。因此，花时间列出你的底层价值观，能让你在短期内迅速变得更有力量、有掌控感、感到自豪和强大。

具体的操作方法很简单：在诸多的价值观选项中，选出对你人生最重要的、你最想实现的三个价值观。比如：接纳、公平、爱、责任、忠诚、冒险、家庭、专注力、自由、自然、挑战、健康、荣誉、创造力、信任、欢乐、智慧……

当你真正明确了自己最在乎的东西是什么、自己想去的大方向在哪里，你就会从现在所做的事情中找到目标和意义感，从而获得内生的能量感。

将工作背后的更大意义挖掘出来，将其与自己真正在乎的目标连接起来，你会发现做事的过程更顺畅、更投入，你的能量感也会自然生长。

> **要点：**
>
> 去挖掘一件看似简单、机械的工作背后更大的意义，也去挖掘自己内心真正在乎的事情和目标，然后将两者联系起来，让能量感自由转动。

第六章

告别拖延症：
如何让自己"马上行动"？

人要从低迷状态进入积极状态，最重要的是找到足够的能量感。越是低迷，就越需要更高的能量感才能实现状态的顺利平移。

由于人的大脑管控系统容易形成过度自我苛责、自我审查的习惯，我们需要学会借助科学的方法，学会避开无谓的过度思考和能量漏出。

在这一章，我们将具体介绍几种有效的实操方法，帮助自己迅速开始行动、停止拖延、进入能量感上升路径。

利用"滚雪球任务法"

所谓"滚雪球任务法",是说**把你现在所有需要做的任务全部列下来,然后从能量消耗最低、能最快收回能量感的任务开始做起,一点点做到能量消耗较高、较为复杂的任务**。不要一上来就做最复杂、耗能最高的任务,而要通过完成小任务让能量感滚动起来。

举个例子:小强在临近毕业时感到非常忧虑,他意识到自己有太多该做而没做的事情。于是他拿出一张纸,把脑中大大小小的、所有需要做的事情不分先后地列在了一张纸上。以下是他列举的内容:

- 完成毕业论文最后一章
- 继续投简历找工作
- 提交指导员要求的毕业生调查表
- 帮女朋友准备接下来的面试
- 去图书馆还即将到期的书
- 去邮局给家人寄帮他们买的补养品
- 在网上给自己选购一款维生素
- 查询毕业旅行可以去的地方
- 给手机交话费
- 回家人的短信

- 读本周的英语报纸
- 完成本周的阅读计划
- ……

接下来,小强在所有这些给他带来压力的任务中,选择了一件最容易上手、他最愿意做的事开始做。比如,相比于写毕业论文和投简历,"给手机交话费"和"给家人回短信"是他觉得更容易的任务,于是他从这两件任务开始做起。迅速完成之后,在任务列表中把这两样任务画掉。

接下来,小强继续运用这个思路,在剩下的任务列表中选择最容易上手、最容易完成的任务,比如去图书馆还书、去指导员办公室提交调查表……每做完一件事,就在列表中将该任务画掉,然后在剩下的任务中选择接下来最愿意做的事情。

这就是滚雪球任务法。它之所以有效,是因为能最快地帮我们通过行动收回能量感。一切未完成的任务、惦记的事情、悬而未决的事情,都会占据我们的脑容量、消耗我们做事的能量——大脑在潜意识中一直会想办法提醒我们不要忘记这些事,于是我们就没有足够的能量来执行其他事。

而很多人都没有意识到,如果能快速完成任务、快速闭合任务回路,就能有效地获得胜利感和自我效能,从而尽快收回能量感。

通过滚雪球任务法,我们能最快地完成任务、收回能量感,从"能量漏出"变为"能量获取",从而不断获得胜利感。而胜利感会支撑我们有能量去完成更复杂的任务。

反过来，如果小强先从"完成毕业论文最后一章"或"投简历找工作"开始做起，又会怎样呢？

因为这两样任务需要更多能量，而小强很可能此刻并没有足够的能量来完成，于是他不仅没办法在这两个任务上取得进展，其他任务也一样都没做。之后，任务列表越积越长，进一步降低能量感……

这有点像在考试的时候，你肯定要先把简单的题目做完，最后再来攻克大题。

很多时候，你会发现先把书桌收拾干净再做其他事情就会比较容易，这是因为收拾书桌也是完成了一件任务，你得以通过闭合一个任务回路来快速收回一些能量感。这让你觉得做其他事情没那么难了。

我们总是以为只有做完"大事"才有意义，事实上对于大脑来说，每完成一次任务，都能够闭合一个任务回路，增加能量感。最容易让人进入低迷状态的，恰恰是一直拖着"大事"做不完，小事积攒了一堆又不做。于是陷入担忧、挫败，加剧个人的能量漏出，做事情的执行力就会大大受损。

小结一下，要想让滚雪球法有效，要注意以下几方面：

- **一定要将脑中的任务列表外化**——不要在脑中单纯地思考哪些任务还没做，一定要外化到纸上或者电子文档里。只有外化的任务列表才能减轻大脑负担。

- 在列任务的时候，要把所有让大脑感到负担的任务都列在纸上——大到找工作，小到去超市买早餐，只要你的大脑感到这是需要完成的"任务"，你就应该把它列在任务列表里。
- 每做完一个任务，就在列表中将该任务画掉。这样能让大脑感到"完成了"，从而收回能量感。
- 当任务列表中剩下的所有任务你都不想做了，你就要开始分解任务。比如，毕业论文的最后一章可不可以分解成 10 个小任务？把它们分别列在纸上，然后选其中一个最想做的开始做起。

> ✎ 要点：
>
> 把脑中的任务列表外化，落到纸上，然后在逐项完成的过程中不断收回能量感。

利用"启动能量"开关

我们之所以常常没办法拒绝"刷手机"等诱惑,又很难开始做"该做的事",是因为前者的启动能量太低,而后者的启动能量太高。

什么是启动能量呢?就是你从一种状态进入另一种状态时,为了实现状态平移所需要拿出来的能量。

比如,从"躺在沙发上刷手机"转换到"坐在办公桌前开始办公",必然需要拿出能量。这种启动一种新状态时所消耗的能量,就是启动能量。

做一件事所耗费的启动能量越高,你就越不容易开始做这件事。做一件事所耗费的启动能量越低,你就越容易开始做这件事。

明白了这个道理,也就很容易明白为什么很多好习惯难以养成,而坏习惯又难以改掉。

比如,很多人都觉得健身习惯很难坚持,每次到了该去健身房的时间就瘫在沙发上不想动了。想到要去健身房就要收拾运动衣、准备运动设备,还要步行30分钟到健身房……于是干脆继续躺一会儿吧。

这就是一个典型的"启动能量太高"而让人望而生畏、难以开始行动的例子。

事实上,人一旦开始运动,很可能会感到运动也没有那么痛苦。

可是在进入运动状态之前,这种关于"运动很费劲"的想象就阻止了我们去行动。

同理:

- 一旦我们开始写毕业论文,很可能会发现写论文的体验并没有那么糟糕。
- 一旦我们开始读书,很可能发现阅读是有乐趣的事。
- 一旦我们开始投简历,很可能发现投简历的任务是可以完成的。
- 一旦我们开始学英语,很可能发现学英语是很有成就感的事。

……

如何降低做"该做的事"时的启动能量、让你更容易进入做事的状态,这是重中之重。

《快乐竞争力》一书的作者肖恩·埃科尔举了一个自己如何降低启动能量的例子。他发现每次早起跑步对自己来说都是很痛苦的事情,因为他需要从温暖的被子里爬出来、需要去衣柜里找合适的运动衣、需要去穿袜子、穿鞋、需要刷牙洗脸……

于是他想出了一个降低启动能量的办法:他在要跑步的前一天晚上,干脆穿上运动衣、运动裤睡觉,把运动鞋放在床边——第二天早上不刷牙不洗脸,一起床立刻跑出门去,还没来得及拖延就已经开始跑了。于是跑步的启动能量被降到了最低,习惯便很容易建立。

另一个例子是学弹吉他——如果你把吉他装在复杂的套子里,再放在堆满杂物的储物间里,每次拿出来都很费劲,那么弹吉他的启动能量就非常高，慢慢地你也就不想弹了。

更容易让你开始弹吉他的方法，是把它放在平时活动的空间里，放在随手能拿到的地方，随时可以拿过来弹两下，习惯自然就容易建立了。

回想一下，那些你该做却一直未做的事情，是不是因为你给它们设置的启动能量太高了？

人就是这样一种趋利避害的动物，潜意识里都想寻求最不费力的方法。我们要学会利用大脑的这个机制，去引导它做该做的事，而不是一味地责怪自己意志力不足。

同样是去跑步这件事，如果你的目标是一次跑1个小时，别人的目标是一次去跑10分钟，那么你就比别人需要更大的启动能量。你只要想到跑步，就觉得是个负担，最后压根不去做了。

好习惯的建立要循序渐进，不要一开始就给自己过大的负担，要引导自己爱上这个习惯。先让自己迈出腿去，一旦跑起来，你可能会发现10分钟并没跑够。

反过来，我们很多坏习惯难以改掉，往往是因为它们启动能量太低了。

比如，很多人有爱吃零食的习惯无法克服，往往是因为家里到处可见触手可及的零食、小吃……

一个非常简单的解决办法，就是把随处可见的零食收起来，把它们收到柜子里或很难拿出来的地方，增加"吃零食"这件事的启动能量。于是你很快发现，自己不会那么频繁地吃零食了。

同理，你可以利用这一原理，通过提高一件事的启动能量，来改变不想要的行为，比如：

- 如果你想戒掉对于一个手机 App 的依赖，就把这个 App 放进难以找到或难以打开、层层折叠的文件夹里，也可以干脆从手机中删掉它。
- 如果你想戒掉在工作时玩手机的习惯，就把手机放到离工作台很远、没办法随手摸到的地方。
- 如果你想停止一直玩游戏，就把游戏设备放到很难拿出来的地方，或者把不同零件放到家里的不同位置。

这些稍加用心的小设置，会大大改变你的行为习惯。

利用自己的心理特点、认知特点，而不是一边埋怨自己自制力差，一边把零食摆在随手可触的地方。这才是改掉坏习惯、建立好习惯的有效方法。

> **✎ 要点：**
>
> 　　如果你想建立一个好习惯，就想办法降低这件事的启动能量；如果你想去除一个坏习惯，就想办法增加这件事的启动能量。

利用帕金森定律破除"想象中的困难"

第三个有助于改变状态的重要认知，是意识到你的大脑会扭曲一项任务真实的难度，导致你以为这件任务过于复杂、没办法完成，从而引发拖延症、陷入低迷状态。

我们都知道，当一件任务看起来特别难、特别复杂的时候，我们就容易产生排斥感并导致拖延症。

比如，领导交给你一项你从未做过的任务，你不太确定怎么做、找谁来问，又怕做不好会让领导和客户失望。这个时候，你很可能会选择把这项任务先放到一边，拖到不能再拖的时候再做。

相反，那些我们做过的、熟悉的、流程清晰简单的任务，就很容易让我们行动起来，比如去邮局寄信、抄写课文、整理书桌等。

你对"一项任务到底有多难"的认知非常重要，它会影响你的能量感。过分地以为一件事复杂、困难，会导致能量漏出，增加启动成本，让人裹足不前。

一项你以为复杂的任务——无论是完成毕业论文、找工作、考英语六级，还是参加面试、见客户、组织项目——不妨想一想，它是真的非常复杂，还是你以为它非常复杂？你是怎么知道的？

你也许有过这样的经历，一件你拖了很久、你以为特别复杂的事，在做完之后发现其实并不难。只是因为你以前没做过，你的大脑感到陌生和慌张,才制造了"这件事很难"的想法。

要意识到,很多时候是我们脑中的这个"它太难了"的想法,而不是任务本身的难度,让我们裹足不前、拖延不止。

那我们该怎么办呢?了解帕金森定律能够大大帮我们增加觉知,控制所消耗的时间。

帕金森定律提出:"一件事的困难程度和你花费的时间成正比。"

这是什么意思呢? 大部分人会认为,一项任务越困难,我们完成它所花的时间就越多——也就是"困难度"是因,"所花时间"是果。但帕金森定律把这个问题反过来看,说有的时候是你花的时间和心思太多,把这件事给搞复杂了——即"所花时间"是因,"困难度"是果。

换句话说,帕金森定律强调,一件事的困难度并不是绝对的,你如何看待它、应对它,可能会左右这件事的复杂程度。有些事情未必很复杂,可是如果你拖来拖去不行动,做的时候缩手缩脚,你可能就会把它拖成了一件让你感觉很复杂的事情,耗费了本不需要耗费的能量。

这个定律尤其适合经常内耗和大脑空转的人——事情到底有多困难、能不能成、复杂度有多大,往往要迈出腿去才会知道。

我们走出学校以后所面临的任务,大多数是**没有绝对边界的任务**,即你可以花很多的时间、精力、心思去完善它。比如:回某一条"重要微信"的时间、发某一封"重要邮件"的时间、为某一份"重要工作"投简历的时间、为某个"重要学校"反复修改一份"重要申请材料"的时间……

面对这样的任务，因为我们"觉得它重要"，就很可能左思右想、瞻前顾后、反复修改、不敢行动。这个时候要记得，帕金森定律告诉我们：要多快好省地做事情，要少内耗、多行动，不过分思虑，要想办法把工作变得简单，而不要先自己吓自己它有多难。

到底花多少时间和精力是真的必要的，又有多少只是自我安慰和应付焦虑的"无效努力"？这需要一个人的清醒和勇气来辨识。

比如，很多做学术的人容易陷入自我怀疑和完美主义，也容易陷入对"好论文"标准的想象中，这种想象往往会导致慢性自我怀疑和拖延症。很多人脑中会有这样的故事："人家的好论文一定是磨了三五年才磨出来的，一定是要有十几年经验才能写出来的，编辑和老师一定会笑话我的论文水平，我花的时间还远远不够……"

于是，我们把写论文拖成了一项"复杂的任务"。

在美国学术界流传着这样一句话："最好的毕业论文，是完成了的毕业论文。"

由于很多博士生无休止地修改、完善自己的博士论文，让完成博士论文和毕业这件事变成了一件无比困难、难以企及的事情。

在这种时候，你应该意识到，**只有完成了的，才是最好的。**

✐ 要点：

把快速彻底地完成某项任务当成目标，而不是把完美当成目标。

使用"5秒法则"迅速行动

这个世界上有没有一种立竿见影的方法，能让人在5秒钟之内就迅速进入行动状态？

《5秒法则》一书的作者梅尔·罗宾斯告诉我们：有，而且它非常实用有效！

所谓"5秒法则"，是指当你想开始做一件事的时候，就要立刻去行动。具体方法是：**在心中倒数五个数——"5、4、3、2、1"，然后一个鲤鱼打挺蹦起来，开始做这件事。**

比如：

- 你计划早上8点去跑步，到了8点钟你该动身了，却有些犯懒，这个时候你默念"5、4、3、2、1"，当念到"1"的时候，立刻站起来去跑步。
- 你打算上午10点开始写论文，但是一直拿着手机不想放下，这个时候你就默念"5、4、3、2、1"，当念到"1"的时候，立刻放下手机走到办公桌前。
- 早上7点的闹钟响了，但你不想起床，这个时候你就默念"5、4、3、2、1"，当念到"1"的时候，立刻从床上坐起来。
- 你知道自己应该开始投简历找工作，可是打开电脑之后一直在刷社交网站，这个时候你就默念"5、4、3、2、1"，当念到"1"的时候，立刻关闭社交网站，打开找工作的网站。

这个方法是不是听上去很简单？

虽然很简单，但如果你用一下，就会发现它是非常强大有效的工具，因为5秒法则实际上融入了心理学和脑科学的许多研究成果。

心理学家发现，人之所以会拖延、颓废、状态不佳，是因为大脑几十万年进化而来的"自我保护机制"——我们大脑的管控系统想要考虑周全、反复思量、提出警告，想要保证我们不受伤害、少付出成本。

但恰恰是这种自我保护机制，会导致"过度思考"，让人瞻前顾后、害怕失败、担忧未来、缺乏行动力。

5秒法则为什么会有效呢？因为它只给你5秒钟的时间，迫使你从一个状态走进另一个状态。

而在这5秒钟的时间里，大脑还没来得及"过度思考"，大脑管控系统还没来得及自我保护，你就已经开始做这件事了。

- 不想去运动？——"5、4、3、2、1"，起身走出门，大脑没来得及给你找借口，你的腿已经在路上了。
- 不想跟客户打电话？——"5、4、3、2、1"，拿起电话，大脑还没来得及抱怨和呐喊，你已经开始跟客户说话了。
- 早晨闹钟响起之后不想起来面对生活？——"5、4、3、2、1"，起身穿衣服，在大脑没来得及为多睡两个小时找理由之前，你已经开始做早餐了。
- 想做一件事情很久了可是迟迟纠结犹豫没有动手？——默念"5、4、3、2、1"，蹦起来去做吧！

人一旦开始行动、进入另一个状态，大脑就会发现，原来一切并没有那么可怕。你需要在大脑的自我保护机制开启之前就迈出腿去，让行动中的自己发现"原来想象中的困难也不过如此"。

不管是想要放下手机、开始运动、开始看书，还是想要戒掉不良饮食习惯、工作习惯、负面思维，都可以试试采用5秒法则，让自己迅速关闭大脑管控系统，像火箭发射一样，立即开始行动。

一旦开始行动，你就打开了收集能量感的路径，能够通过收获成就感、正反馈、做事的乐趣、对自己的满意来推动能量感的积累，从而持续地做该做的事。你会发现自己不再有那么多犹豫、那么多拖延、那么多借口了。

永远不要准备好了再行动，5秒之后就行动吧！

> 🖉 要点：
>
> 在内耗发生之前，倒数5秒钟，直接去行动。

第七章

如何利用外部反馈提升能量感和行动力?

人不可能只依靠自己想象出来的胜利、自己对自己的鼓励来产生持续动力,我们每个人都需要来自外部的回应、互动、反馈。这种外部反馈是持续向前行进的可靠力量。

为自己的行动争取到外界的反馈、获取力量、实现互动,这尤为重要。

在任何一次准备"大干一番"之前,你都应该审慎地问自己:

我为我的行动设计获取反馈的渠道了吗?

什么样的外部反馈最可能增加我的能量感?

怎样行动才能获得更多的正面反馈?

什么是能量感系统中的"外部反馈"？

要彻底走出低迷，不仅要行动，还要建立起"外部反馈"系统。

这世界上大部分的"无法坚持"，并不是因为"缺乏意志力"，而是没有找到一套对自己行之有效的"外部反馈"机制，导致没有足够的能量感来支持持续行动。

"外部反馈"是指你在输出内容、进行创造、持续努力、开始行动之后，来自外界其他个体的回应、评价、反馈、赞扬、鼓励。"外部反馈"是在你沉浸于自己的工作一段时间之后，抬起头来跟外界所实现的有效互动。

如果你曾尝试持续创作，可能有过这样的感受——每当你想放弃、觉得没劲、自我怀疑的时候，朋友一句真诚的好评、网友的一句感谢、用户的一句称赞、师长的一句鼓励……往往能让你瞬间燃起做事的动力。

在我们日常学习和工作中，获取外部正反馈的机会其实是多种多样的。例如：

- 你坚持背单词、读英语几个月后获得一次满意的考试成绩。
- 你坚持练琴几星期后，当众表演获得热烈的掌声。
- 你利用个人技能或个人项目赚回第一笔收益。

- 你做公众号、UP 主、声音主播之后，获得点赞、关注、评论。
- 朋友对你发自内心的称赞、鼓励、支持。
- 你心目中某些权威人士（如家长、老师、老板）给你积极评价、鼓励认可。
- 你打磨了一年的论文被发表在顶级刊物。
- 你提供的产品、服务、信息被用户使用、反馈、感谢。
- 你的作品获奖、获转发、获宣传。
- 你在兴趣小组中对个人项目和经验的总结、分享、展示。

无论哪一种具体形式，外部反馈发挥作用的重点，是要让你的作品或输出被外界看见、置于他人视野之内、获取客观世界的回应。

可不要小看这些外部反馈，它是最行之有效的"能量感助推器"，可以成功激活你的能量感系统，让你瞬间进入高能量状态。

当人处于高能量状态时，一方面会自然而然想要进一步行动，另一方面将不再被自我怀疑等负面情绪所困，也无需再使用"意志力"或是"自律"这种有限资源。

外部反馈能在困难时期帮我们渡过难关，抵抗疲惫、厌烦、无意义感，是持续动力和增强自我效能的重要来源，值得好好利用。

> 🖉 要点：
>
> 　　系统性地利用外部反馈，将其作为能量感的助推器，能帮助我们坚持行动。

为什么获取外部反馈对个人成长至关重要？

人是社会性的动物，每个人在基因里都有"被看见"以及"与外界正向互动"的需求。

从小时候第一次玩电源开关、第一次跟大人互动、第一次用哭喊改变父母的反应开始，我们就在努力寻求自己与外部世界的关联和互动，寻求被看见、被回应、被理解，寻求对外界施加影响、让外部世界因自己而发生变化。

当你所做的事情、所付出的努力、所专注的项目得到了来自他人、外界的反馈和回应时，你会体验到自身的价值、付出的价值、坚持的价值，从而快速进入高能量状态，兴致勃勃、充满干劲地把这件事推进下去。

心理学上将外部反馈视为一个人行为活动的"正强化"，认为它能帮人提升心理资本和社会支持感，因此是带来持续积极行为的关键一环。

只依靠自我鼓励、靠给自己打鸡血、灌鸡汤而获取能量感是不可能持久的，**人真正稳定的能量感只能来自与外部世界实打实的互相影响、互相作用**。你需要看见你的努力、付出跟外部世界产生连接，得到回应。你需要嵌入到更大的世界，成为更广大的意义的一部分，你需要感到你不是一个人在自娱自乐、自导自演、自唱自和。

任何人在做事的时候都会消耗能量，但有些人能在关键节点通过获取正反馈而重新激活能量感。这种来自外界反馈的能量感是极为强大的武器，如果能利用好，它将能支持你不断地打怪升级、开疆拓土、克服困难。

除此之外，**外部反馈也是一个人面临道路选择时的重要指南针**，它能向你不断发出哪条路更适合你、哪条路可能更好走的信号。

你可能尝试过多种方向和道路，但当你在某个方面持续收到连续不断、积极正面的外部反馈时，很可能说明你正走在一条非常适合你的道路上。尤其是当这条道路在别人看来并不容易，而你持续收到正反馈时，应该给予它更多的关注。

外部世界会通过这种方法指导我们朝哪个方向行动、向哪里发力，也指示我们哪条路行不通、应该从哪里撤退。

当你在一条道路上走得很顺，顺得甚至超出了你的预期，可能并不只是因为运气好。也许你找到了一条没人走过，但你能走好的路。这将是极为重要的发现。因此，外部反馈是不容忽视的。

一首你漫不经心哼的歌、一篇你随手写的网文、一条你没费力制作的视频，如果引起了超出预期的关注、反馈，那么它很可能指示出你的"潜在市场"很需要你。

从这个角度讲，你应该培养自己对外部反馈的敏感度，关注那些能给你带来能量感的外部反馈，那里往往藏着客观世界给你的重要信号。

以下几个问题值得花时间思考:

- 你做的哪些事,在做的时候感到异常顺利,甚至超过了你的预期?
- 你做的哪些事,获得了来自外界超乎预期的帮助、支持、反馈?
- 你做的哪些事,在别人看来是有难度的,但在你看来较为轻松?
- 你做的哪些事,经常能给你带来能量感的提升?

一个人寻找个人方向的过程,是在试图寻找"你喜欢的""你适合的"与"世界所需要的"这三方面之间交集的过程。如果能够抵达这个交集、从事这样的工作,一个人将会感到幸福而满足。

在尝试不同领域和寻找个人方向的道路上,多留心外界反馈的信号,你就能更好地找到自我与外部世界之间的契合点。

> ✎ 要点:
>
> 　　重视外部反馈、利用外部反馈,你可能更容易找到"你喜欢的""你适合的"与"世界所需要的"这三点之间的交集。

通过"秀出自己的工作"获得外部反馈

既然外部反馈这么重要,接下来我们来说说如何有效地获取外部反馈。

常见的外部反馈包括以下形式:

- 朋友、家人、同事、熟人的正面评价、夸奖、鼓励。
- 发布作品之后获得的阅读量、留言、点赞、私信、咨询。
- 当众展示你的工作能力或才艺之后,现场的反馈、交流、提问、关注、鼓励、嘉奖。
- 作品影响到别人之后,你收到的感谢、你看到其他人的变化,以及这一切引起的思考和后续作品。
- 你的作品在不同渠道被扩散、被分享、被推荐、被转载等。
- 别人看到你的作品后,邀约你做更大的项目、找你写书、找你做活动、邀请你上播客、视频访谈或其他合作。
- 官方、正规、权威机构给你的认证、证书、分数、荣誉、录用书等。
- 投稿发表在杂志、报纸上,纸质或电子书籍出版,网络课程、语音课程、小程序课程等上线,粉丝群建立等。

在积攒能量感的过程中，我们应该充分利用"向外分享"的方法，大胆地秀出自己的进展与成果，让更多人看到我们的产出和作品，并利用其带来的外部反馈，不断为自己积攒行动的能量。

"秀出自己的工作"其实是一门学问。我们虽然在向外分享，但更多的是"为自己而秀"，而不是"为别人而秀"——通过向外分享，让你更了解你是谁，帮助你提升自己的想法，收获外部反馈，把许多艰难无趣的过程变得富有美感、值得期盼。

《秀出你的工作》一书的作者奥斯丁·克莱恩建议我们：

- 不必等自己有了完整的作品再秀，因为读者和观众更想要了解你做这件事的过程。
- 不必成为专家再秀，因为非专业人士常有更精彩的视角和观点。
- 不必等创作认可了再秀，因为当你还在路上，你也许有更多有趣和有价值的感悟。
- 不必因担心负面评论而不敢去秀，因为那些评论跟我们的成长和生命比起来毫不重要。

无论是打算使用"作品分享类平台"还是"个人展示类平台"，秀出自己工作的方式多种多样，都能够帮你获得外部反馈和收获能量感。具体来说，你可以使用：

- 作品分享类平台：需要你把作品放上去让别人看到的网站，例如知乎、微信公众号、B 站、小红书、喜马拉雅、抖音等；还可以使用 Workflowy 等工具分享笔记和 Vlog。这一类渠道的好处是能给你实打实的对作品的反馈和流量上的反思，但也需要你持续有作品的产出才会有效果，要想获得正反馈，对输出质量的要求偏高。

- 个人展示类平台：你更能自由地记录个人成绩、个人成长、工作成果的地方，包括建立个人网站、Linkedin 等个人主页，也包括你的微信朋友圈、其他社交媒体账号等。这类平台的好处是门槛较低、形式灵活，你想展示什么、如何展示、讲怎样的故事、侧重放在什么方面，都可以由你来决定。

值得强调的是，不只是"工作成果"才值得展示，"工作过程"本身也值得记录，也能成为获取外界反馈的渠道。无论你是在设计一个研究项目、编写一个电影剧本、写一本书，还是创立一个工作坊，都可以用文字、相片、视频、音频等方式记录你工作中的每一个步骤、遇见的每一个困难、每一步的心路历程，把它们放到自己的个人网站或其他展示类平台去。

即便你还没有成型的作品，也可以考虑把自己学习、摸索某个领域的经验制作成课程或经验分享视频，发布到网上，带动外部反馈。事实上，记录工作过程的展示往往比工作结果更能引起人们的兴趣，而你在这个过程中会看到别人的关注、浏览、提问、评论，这些与外界的互动又会增加你的能量感，推动着你把这个项目推进下去。

当你感到自己还没有成熟到可以把作品传到大平台时,可以创造小型的、低风险的个人展示机会来获取外部反馈。在家人聚会上弹一曲刚学的古筝,朋友过生日时录一段用法语朗诵诗歌的视频,在读书俱乐部里展示一次对某种新技能的学习心得,在研究组会上分享某个新课题的准备过程……这些小成本、低消耗的输出方式,依然可以起到获取外部反馈、激活个人能量感的作用,值得有意创造。

> 要点:
>
> 不必等到任务完成再去秀自己的作品,不必等工作完美再去秀自己的作品。要利用一切机会获取外部反馈和能量感。

通过外部反馈提升能量感的关键

虽然外部反馈有用,但并不是所有的外部反馈都能让人能量感爆棚。为了让外部反馈更好地带动你提升能量感,需要抓住以下几个关键点:

1. 从"低垂的果实"开始摘起;
2. 频繁、快速、及时地获取反馈;
3. 利用不同层次的外部反馈方式。

所谓"从低垂的果实"开始摘起,就是先从最容易让你得到正反馈的渠道做起,在选择产出路径时不要期待"不鸣则已,一鸣惊人",而要先把最容易获得正反馈、最容易挖掘的资源和优势利用起来,去获取外部反馈。

每个人输出的方式都不止一种,在你犹豫从哪方面去获得外部反馈的时候,应该考虑先从最容易获得正反馈的方面开始做起。例如,如果"评论穿搭"比"设计穿搭"更容易,你就先评论穿搭;如果做"声音博主"比做"视频博主"更容易,你就先做声音博主;如果"介绍摄影仪器"比"介绍摄影技术"更顺手,你就先介绍摄影仪器……

先摘"低垂的果实"有两个好处：一是更容易让你快速收回能量感；二是较少消耗能量感，让你在行动的路上比他人更快一步。

所谓"频繁、快速、及时地获取外部反馈"，是指更频繁地创造获取外部反馈的机会，在能量感还没耗竭的时候获得正反馈。这往往要求我们学会分解任务、学会从"小胜"中获得鼓舞。

例如，写一本书和写一篇公众号文章相比，是更大的成就。但前者比后者需要努力的周期长太多，而后者能让你更快速地被看到、获得回应、获得能量感。

再如，如果你在创作一个漫画作品，你可以等所有漫画都画完了再跟外界展示，也可以在创作过程中就记录自己的工作、把工作笔记晒到网上、记录自己每天工作的 vlog 与朋友分享——后一种方式能让你更频繁、快速地补充能量感。

所谓"利用不同层次的反馈方式"，是要利用反馈的"社交性和互动性"。互动性越高的反馈渠道对提升能量感越有效，这就使得那些交流渠道丰富、反馈来源多元的产出更能提升你的能量感。

例如，讲过课的人都知道线下课堂比线上讲授更有趣、更不容易疲劳、更有成就感。这是因为线下课堂互动性更强，能够通过语言、表情、即时的对话去收到外部反馈、收回能量感，而线上的教学则少了很多层面的互动性。

再比如，面对面的人际互动给你的反馈，通常会大于通过电话、语音反馈所带来的能量感，而后者又大于邮件里文字反馈带给你的能量感。来自多方、不同渠道给你的反馈所带来的能量感,也会大于同一个群体(例如家人、朋友)的反馈给你带来的能量感。

> ✏️ 要点:
>
> 要快速获得提升能量感的外部反馈,你应先关注"低垂的果实",频繁、快速、及时地获取反馈,并利用不同层次的外部反馈方式。

如何面对"负面反馈"和"无人反馈"？

很多人虽然深谙外部反馈的重要性，内心却不免畏缩、惧怕，想要躲避外部反馈，导致外部反馈的机制没有被很好地利用起来。这其中最大的原因，是担心自己的行动会收到负面反馈，打击积极性，或担心自己的行动收不到任何反馈，导致挫败感。

面对负面反馈是每个有志青年必修的一课。如果你想成事，不仅要在当下学会适应面对负面反馈，还要准备好一辈子不间断地面对负面反馈。

作家蒂姆·费里斯有句名言："一个人的成就与他愿意进行艰难对话的次数成正比。"推而广之，我们要告诉自己，一个人的成就大小也跟他愿意直面负面反馈和拒绝的次数成正比。

面对负面评价，有三种心态最能帮到我们。

第一是"事实性思维"。把外界给你的反馈，看成是对现阶段状况的事实反映——你对事实了解越清楚，就越能了解外界市场的需求和自己现在的弱项。

不去尝试的人永远不会被拒，但也永远无法提高；不去体检的人就不会知道自己生病，然而病不会因为你不检查就消失。谨记"发表论文最多的学者也是被拒次数最多的学者"。从事实角度出发，概率论是最好的认知武器——你尝试的次数越多,成功的概率就越大。人不是被你遭到拒绝的次数所定义的,而是被你所创造出来的现实成果所定义的。

第二是"课题分离"法。记住什么是"你的事",什么是"别人的事",做好你的事,别去操心别人的事。

在《被讨厌的勇气》一书中,智者建议青年使用"课题分离"的方法来解决一切人际关系带来的内心烦恼。在《一念之转》一书中,作者拜伦·凯蒂告诫我们,别人对我们的评价和感受归根结底属于"别人的事",如果我们总在管"别人的事",也就意味着我们没有管好"自己的事",内心自然会感到加倍的孤独和无助。

在获取外部反馈这条路上,不断产出、行动、让自己的作品被外界看到——这些是"你的事";他人如何评价、如何回应、是否回应——这些是"别人的事"。我们能做的终究只是"管好自己的事",而没有能力左右别人怎么想、怎么说。把你自己的事做好,是你唯一能做和应该做的事。

第三是"成长性思维"。你现在的水平不代表你将来的水平,此次的产出质量不代表你所有的产出质量,每一次收到的反馈都能帮你向更好的自己进发一步。别害怕被这一次的行动结果和他人评价定义,因为你的能力不是固定的,你无法被固定的评价定义。

当我们准备好从事实性思维出发,迎接负面反馈和无人反馈的心态,就能更好地接收和利用这个外界信号——**当你所做的东西反复、多次、持续地收到负面反馈或无人反馈时,也是一个很有用的**

信号，提醒你"是不是哪里有问题"。这时候最理性的做法不是自怨自艾、恼羞成怒、一蹶不振，因为这些都无法带来实质性的起色。你需要做的，是找有经验的人寻求帮助、主动寻求反馈（如找老师要意见）、及时将自己的产出跟其他人做对比，立刻做出调整。

这样的调整，就像你在做一次化学实验，每一次调整一种试剂，一直到调整出你想要的结果；就像你在学习烤面包，每次调整一个环节，一直到调整出你想要的味道。你行动得越频繁、收到反馈速度越快、调整得越快，你向目标行进得就越快。

> **要点：**
>
> 一个人的成就大小也跟他愿意直面负面反馈、客观拒绝的次数成正比，我们应该关注自己的成长程度，而不仅仅是最终结果。

做有作品的人：如何产出？在哪方面产出？

有了获取外部反馈的习惯，你就也有了"用反馈倒逼产出"的方法。但接下来要思考的重要问题是：怎样才是有意义的"产出"？你为"产出"所付出的所有努力，都等同于"在产出"吗？

当我们被焦虑感或自责情绪所牵引时，很可能急于让自己"忙碌起来""努力起来"，这时就容易在忙碌中迷失，而没有把宝贵的能量放在高阶的、更靠近结果的产出行动上。

在思考"如何产出"时，以下两个认知对我们十分关键：

1. 对别人有意义的产出 ≠ 对自己有意义的产出

产出并不是越多越好，也不是形式越广越好，更不是越追随大众的脚步越好。急于产出、贪求产出、忙于产出，有时会影响人的判断力和创新力，而这两种能力才是创作者最可宝贵的财富。

因此，你应该学会从底层的价值体系出发来思考：什么是你想要产出的作品？什么是你在意的领域？在这个领域里，最重要的产出形式是什么？

观察周围哪类人的哪种产出跟你自己的兴趣、目标、优势最贴近，思考哪种产出能带动自己不断增长技能和提高认知，而非停留在小圈子和固定认知上——这些才是值得为之努力的方向。

2. "在努力" ≠ "在产出"

虽然为产出所做的准备工作必不可少，但准备工作不等于真正在产出，而且还可能跟真正的产出争抢时间。举例来说，为了录制讲书的播客，我们需要做选书、读书、写笔记、设计讲书逻辑、调试设备、整理录音环境等准备工作，但要清醒地意识到，这些活动都不是"在产出"，只是准备工作而已。如果花太多的时间和心思在准备工作上，虽然会感觉自己既忙碌又努力，但也可能是另一种形式的内耗。

花时间学习知识、吸纳观点、开阔眼界、增加体验……这些都是必不可少的"输入"，但它们无法体现"你是谁"。只有你的产出、你的作品、你的创造，才能向外部世界展现你是谁。

人在产出时应该避免掉进"行动陷阱"——要避免为了"展现刻苦"而努力、为了证明自己而产出、为了躲避焦虑而行动。不要花时间精力在满足自己的虚荣心、显示自己智商高能力强，但没有实际用处、没创造实际价值的事情上。不要为了躲避焦虑而随手抓一件事来做。

你的时间、精力、行动，有多少是花在实际创造和产出上，有多少是花在了准备产出的路途中？

你在哪些事情上准备时间过长，而在真正产出的环节却迟迟不动手？为什么？

你的产出时间占整个行动时间的多大比例？如何才能提高而不是降低这个比例？

这些问题，都值得你好好思考。

那么，如何选择更高阶的产出类型呢？

高阶的产出往往具有以下特点：

1. **能带来实际功用和价值**：如改善了某些人群生活的处境、解决了具体问题、提升了客观的效率或主观的心理状态等。"内卷"之所以不被推崇，是因为并没有创造实际价值，只增加了过程中的无谓竞争。最高阶的行动产出，都应该指向创造实际价值的行动产出。
2. **体现原始创造、一手数据、来自你的观点**：总结文献笔记，不敌撰写一篇新文献；解读别人的小说，不敌创作一篇新小说；品评别人的电影，不敌自己写一个电影剧本。
3. **影响圈更大**：你的观点输出是只局限在了课堂上的讨论，还是被带到更大的学术会议？你对某个电影、数据、综艺的评价，是只跟好友进行了分享，还是被放到网上，让更多的网友看到？你产出的内容是只跟现下最火热的话题相关，还是在五年、十年后依然会有人感兴趣的话题？
4. **关注底层框架**：更关注底层的、根本性的、有普遍意义的问题和解决方法，而不只是关注单个问题、表面现象、局部现象。

不管你的产出内容多么分散，**最好能围绕着一个大方向稳定、核心能力统一的主线去做**。最好是围绕你最核心的竞争力去产出，无论是艺术类、技术类、文字类、社交类，还是竞技类、体育类、管理类、分析类，只要是你最擅长的领域就可以。

从行动层面来说，以下方法可以帮助你开启产出之路：

1. **减少"消费"时间，增加"创造"时间：**不要只听歌，也要写歌；不要只看网文，也要写网文；不要只"嗑CP"，也要自己谈恋爱。商业社会的一大负面效应是让我们稀里糊涂地误以为只有"消费"是快乐来源，而忽略了持续的、深层的快乐感要来自从"消费者"转变成"生产者"。当你看娱乐新闻、追电视节目——你是在消费、在被动接收别人已经生产的东西。当你评价娱乐节目、制作有趣的视频、输出自己的观点、给出文章的解读——你是在生产、在主动创造别人可以消费的东西；当你买买买、玩别人设计的App、追随最新时尚潮流——你是在消费别人生产出来的东西；当你开创一个公司、设计一款App、引领下一个潮流——你是在创造别人需要的东西。

2. **开设一个最简单、最容易上手的个人展示平台**，如博客、知乎专栏、视频号、公众号，并要求自己开始规律性地在上面输出，频率可长可短，但一定要规律，比如每两周上传一个视频、每一个月更新一篇博客。从你最擅长的、最容易分享、最有表达欲的东西开始做起，不以获取粉丝数、点赞数、别人的赞扬为目的，只以是否能按时上传作品、按时完成自己的上传任务为目标。

3. **养成输出个人观点的习惯**——输出观点需要适应、学习，一开始你觉得自己没有观点、没有立场、没有新意、没有特色，但渐渐地，你写得越多、表达得越多，观点就越清晰可见，思考也越稳定而自洽。你越不去输出观点就越不敢输出观点、越不适应对外表达；你输出得越多就越适应自己的声音、文笔、特色，越能找到让你感觉舒适的"表达型自我"。尽可能输出你的观察、思考、读后感、观后感，输出让你有启发的事、对话、经历、体验……这些零散的输出会慢慢聚合，帮你形成自己独特的体系。

4. **开设、讲授一门小课**——如果让你讲授任意主题的一门课程，你会讲什么？很多人都没有意识到"向别人授课"是最好的输出方式。你如果能系统地给别人传授知识，必然是已经梳理了知识体系、技能框架、前后逻辑。准备资料和讲稿的过程会帮助你向外输出。讲授的主题完全可以依据你的兴趣和优势而定，从弹吉他、书法、开车、打球到房间整理、化妆、衣服搭配、商品选择、生活小技能，再到点评娱乐节目、文学作品、电视电影……给别人开课的方式能让你把摄入变成产出，并在其中找到个人的特色。

> 要点：
>
> 要做有作品的人，你可以练习从消费到创造、增加个人观点的输出、开设和讲授一门小课。

第八章

与一切能提升你能量感的人和事在一起

面对纷繁复杂的世界、周围时刻变动的人和事，我们应如何保护好自己的能量感系统，让它持续良性运转，而不是逐渐萎缩？

本书的最后一章，我们将从能量感与外部环境的关系入手，通过更为具象的"个人影响圈"这个概念，来理解如何走出能量洼地。我们也将从社会科学的视角，来了解能量感对一个人认知与行为的底层影响，以及在面临有限选择或恶劣环境时，有哪些方法能帮我们更好地保护好自己的能量感系统。

低迷状态与个人"影响圈"的逐渐缩小

每个人在这个世界上存活都有自己的"影响圈"（circle of influence）范围，这个**"影响圈"是个人在自我认知中对自己能施加影响、能控制、能交付的事情范围的估算。**

小到拿起某件物品、点亮一盏灯、敲出一个字母，大到能交付某个作品、独立完成一个项目、带领团队实现长期目标……我们的大脑不断计算、更新着我们对外界各方面的影响能达到什么程度，由此来界定自己的能力范围，并判断遇见挑战时是迎上去的胜算大，还是避开更能保全自己。

当一个人感到自己的影响圈不断扩大时，能量感就会随之升高；反之，当一个人感到自己的影响圈不断被缩小和挤压，曾经能完成的事情现在做不到了，就会导致能量感的降低，并引发低迷和倦怠。

在下页的图中，左侧展示的是一个人通过学习和扩展自己的技能，把非舒适圈的活动转变成舒适圈，就像扩张领地一样，不断向外扩大自己的影响。例如，以前在公众面前演讲并不是你的舒适范围，但因为习得了这种能力，你可以跟更多人分享你的所见所闻，用演讲和对话影响更多人。在这个过程中你的影响圈就扩大了，能量感也会随之升高，这就是一个良性的个人成长系统。

无论一个人在起始点的影响圈多么狭小，只要有机会不断向外扩大自己的影响圈，就会一次次感到能量感的提升，一次次确定自己的能力，进而有更多的力量去继续行动和扩大影响。

而该图右侧展现了一种我们都不愿遇见的情况——一个人本来对外界有一定的影响力，却出于某种原因，像战败后领地被交出一样，缩小了自己的影响圈，不仅无法获得探索非舒适区的机会，还不断缩小对外部世界施加影响的范围。这种情况下，人的能量感就会不断降低，越发没有自信，并会感到沮丧、倦怠、低迷。

例如，在一些不健全的工作环境里，有些员工可能长期被经理打压、批评、不信任，或是不被给予和自己能力相匹配的工作机会，长期做着过于单调、简易的工作……这种情况下人会感到自己的影响圈在不断变小，向内收缩，而整个人的状态也是封闭、低落的。

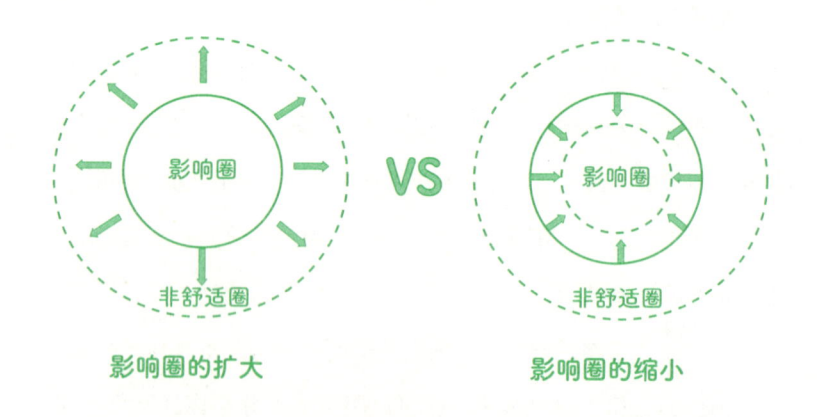

影响圈的扩大　VS　影响圈的缩小

当你回想过去人生中自己最充满能量感的三个瞬间，你会想到什么？

也许是一次重大考试的胜利？一次大型比赛的通关？拿下了一

个竞争激烈的商业项目？一次创业的成功？某一次帮助家人解决了巨大的难题？一篇顶级期刊论文的发表？帮助朋友、家人或同事获得了成功？……

稍加观察，**你会发现那些让你增加能量感的情境，无一例外地扩大或确认了你的影响圈。**

相反，一个人如果长期感觉不到对外部世界有影响，或是外部反馈给你的影响圈总是小于自己想象的影响圈，能量感就会下降。例如，考试成绩没达到自己的预期，收到老师或领导的负面反馈，一次业绩排名垫底，屡次投简历之后没有回应，连续几次牵头项目的失败，被心上人拒绝……

而在消极的能量感体系中，一个人对外界的确定感会越来越低、对外界施加影响的范围越来越小，越发不敢去尝试，也不敢相信自己，甚至让曾经的舒适区域退化成了非舒适区域。影响圈不断被缩小，会让人对事情失去兴趣，甚至进入"干什么都不如不干"的低迷状态。

影响圈被挤压到尽头的极端情况，就是一个人觉得自己存活在世间与否已经没有区别。试想，如果我们感到对世间的任何事情都无法施展有形或无形的影响，那我们为什么还要做任何尝试呢？

从这里我们可以得到两个重要启发：

1. 应该把更多的注意力和时间放在如何巩固、扩大或维系自己的正向影响圈上。

2. 应该尽量避开那些让自己的影响圈持续缩小的人、事和情境。

在一个比较理想的能量体系里，一个人能够通过不断学习新技能、探索新领域、影响新的人群、把非舒适区域变成舒适区域，不断扩大个人对世界的影响圈，并持续在过程中获得能量感。

每个人可扩展的影响圈维度是多重的，包括：

- **生存影响圈**：你能照顾好自己的起居、独立健康地生活、安身立命，并在此基础上进一步支持其他人的生存（如照顾孩子、伴侣、父母等）。
- **技能影响圈**：你慢慢积累某个领域的专业技术，并能用所具有的专业技术、知识、能力、经验对物理世界产生具体影响（小到在生产线上拧螺丝，大到研发新科技）。
- **经济影响圈**：你有支配一定钱财的能力，在自己需要做的事上不缺经济资源，在此基础上，也许还能在经济上支持或影响对你重要的人。
- **智识影响圈**：你逐渐建立稳固的、自洽的个人认知系统，在此基础上，也许还能在思想、观念、做事方式上对更广泛的人群产生影响。
- **体验影响圈**：你不断通过探索新爱好、认识新的人、去不同的地方旅行、尝试新的人生状态来增加自己的人生体验，并可能在此基础上扩大其他人的人生体验。

每一个维度的影响圈，你都需要先搞定自己，再向外扩展。例如生存影响圈，人需要先能照顾好自己、健康地生活、安身立命，才能够在这个基础上去影响其他人、支持其他人的生存；再如智识影响圈，你需要先建立并稳固自己的认知体系，然后才可能向外拓展，去影响别人的智识体系。

一个人要想获得持续的能量感，并不需要在所有维度都一直扩展影响圈，但需要至少在某些维度有所扩展，才能产生"有劲""兴奋""有期待"的状态。在行动层面，小到认识一个有趣的新朋友、按时交上一篇很满意的论文、完成亲人嘱托的一件事情、能够依靠自己的收入生活，大到获得某个领域的从业资格，增加一笔被动收入，开创一种新的理念、产品、生活方式……都是在不同维度向外扩展影响圈。

请试着回想自己过去一个月的生活状态，你的大部分时间、精力、注意力，是花在扩大和巩固自己的影响圈上，还是担忧、抱怨、不满等情绪上？

内耗型思考和积极反思的最大区别，就在于能否作用到个人影响圈的变化上——前者通常只会让你自我感觉更糟、能量更低；而后者能推动你把注意力拉回到"我此刻能做什么""如何对自己和外界施加积极影响"的现实问题上。

不管你现在的影响圈区域有多大，它覆盖的领域，实际上就是你能持久获得能量感的阵地。把注意力拉回到你能影响的客观范围，是重新建立能量感系统的开端。

✏️ **要点**:

关注自己的影响圈,在多个维度将其扩大,而避开让自己影响圈持续缩小的人、事、情境。

你不是真的不想做事，
你只是不喜欢在"能量洼地"做事

你对你的工作或学习的专业真的毫无兴趣、百般厌恶吗？

或者说，你真正厌恶的其实是某些领导或同事、某种工作氛围、某种缺乏掌控感又不得不做的低能量状态？

大多数人在说自己"不喜欢工作"时，其实只是不喜欢自己在从事某种工作时所体验到的"低能量状态"，而不是"工作内容"本身。

一些特定的情境和组织环境，容易将一个人推入"能量洼地"的状态，**这种情境下你会感觉到自己的影响圈在被不断缩小，别人不尊重和认可你的意见，你只能被安排、被评价，而你实际的自主权和影响力非常小。**

为了说明这个问题，让我们想象在以下不同情景中你做一件相似任务的感受：

假设你要撰写一封英文电子邮件：

情景A：为了成功申请出国留学，你在写一封要寄给某个外国大学教授的信，你希望表现出杰出的英文能力和对学术的巨大兴趣，希望该教授能愿意接受你做他的学生。

情景B：你认识的一位国外朋友给你发来了一封叙旧的英文邮

件,并在邮件中跟你请教了几个中文学习的问题,希望你指导解答,你打算给他写一封英文信。

假设你是某个领域的在读博士生:

情景 A:导师让你下周跟他汇报你在某个研究题目上的文献阅读报告,写一篇小总结并分享自己阅读后的心得。

情景 B:你看到知乎网友提出了一些关于你所研究领域的问题,你打算结合最近的文献阅读写一篇比较专业的回答。

假设你是某公司的中层经理:

情景 A:你下午要跟公司上层和 HR 开会,汇报自己过去一个季度的工作,聆听上层经理的意见和反馈,如果业绩太差,你有面临离职的风险。

情景 B:你下午要跟下属开会,听他汇报自己过去一个季度的工作,并根据他们的报告给出意见和反馈。如果他业绩太差,你可以决定他是否需要离职。

可以想象,在以上三个任务中,情景 B 总比情景 A 更愉快、更轻松。这是因为,在情景 A 中,你不得不处在被俯视、被考核、被评判的客体位置,面临着个人影响圈被缩小的风险;而在情景 B 中,你拥有更大的主动权,也能感受到个人影响圈的巩固或扩大。

指出这一点当然不是为了鼓励大家通过评判别人而获取能量感,

而是为了指出，一个人不想做事往往是因为正处于"能量洼地"。同样一件让你挠头的事，在能量高的时候做起来，可能根本不是事儿。

组织心理学的研究告诉我们，一个人在其从事的活动中所感受到的掌控力（autonomy）越低，就越讨厌自己的工作。这种掌控感涉及一个人在多大程度上能自己决定自己做什么、怎么做，有没有放弃的权力。

低能量感、低掌控感会让你越来越不喜欢自己的工作，而且你容易将罪魁祸首错误归因于工作内容本身。这样做，受害者还是我们自己。基于扭曲的自我认知，我们做事的热情被毁灭了。

如果一个人长期感到毫无选择、做什么事都无法对外界施加影响力时，就很容易被送入"能量洼地"，进而出现拖延、没有心力、不想干活、过度忧虑、自我怀疑、担心沮丧等情况。

反过来，在影响圈范围内做同样的一件事，如果你是有主导权、有掌控力、有影响力的一方，就会感受到高能量感，进而很容易热爱上这项活动。这就是许多公司里的经理每天风风火火，而被其严格规训的员工们垂头丧气的原因。

你影响圈里的技能越多、覆盖面越大，你对这个世界的把握越大，掌控力越强，就越容易从不同的路径获得高能量感。

> 🖉 要点：
>
> 把让自己不舒适的区域变成影响圈内的区域，从而让事情做起来轻松、愉快、有趣。

你的能量感影响了你对世界的认知吗？

越来越多的社会科学研究发现，人的能量感高低不仅会影响人在当下对事情的感受，而且会彻底改变一个人对外部世界的认知。

这就像是每个人都拥有一副跟能量感有关的眼镜，镜片颜色随能量级别而不同，戴上不同能量级别的眼镜，就会看到不一样颜色的世界。

最近，心理学研究发现，社会阶层和收入高的人（通常在社会活动中也拥有较高的能量感），更容易把事情的成功归于自身的能力，更容易表现出自恋行为，对采取行动更有掌控感，更能为自己争取权益，更不容易抱怨，也更愿意去行动。

相反，社会阶层较低的人群（通常在社会活动中拥有较低的能量感）更容易把自己的遭遇看成是不可控的、环境导致的必然结果，更容易对生活和工作产生不确定感，对环境中的风险更加敏感，面对不确定性，更容易产生紧张和忧虑的情绪。

例如，埃米·卡迪的《高能量姿势》一书指出，拥有更高权力感的人在面对面试被拒或类似的受挫情境时，较少感受到艰难情绪。他们在人际关系中也较少担心他人对自己不满，而是能对他人的情绪和行为给出更符合客观事实的判断。相反，权力感较低的人群更容易沉浸在自我的世界,更难以集中注意力在目标上,也对外界更缺乏控制感。

这直接为我们指出了能量感和内耗之间的关系:你的能量感越高,就越不容易内耗。

有一项著名的心理学研究,让被试者进入到一个单独的房间等待,并在屋内设置了一个噪音很大的风扇,然后观察被试者的反应。实验结果发现,高能量感人群中有 69% 的人会主动站起身来去关掉这个风扇,而在低能量感的人群中,只有 42% 的人会这样做。

能量感的高低显然影响了我们主动出击、改变环境的倾向——高能量感推动人去向外扩展、扩大影响,而低能量感阻碍人发挥对外的影响,让人蜷缩在自己的世界。

我们知道,人的精神状态和心理状态会影响身体状态。因此,那些长期处于能量洼地的人更容易因为慢性压力、焦虑、担忧而患上慢性心血管疾病,进而需要花费更多的时间在养病、治病以及担心健康状况上。

《断裂的阶梯:不平等如何影响你的人生》一书也指出,处于社会底层并长期感到忧虑和压力的人群,更容易因为压力荷尔蒙导致糖尿病、肥胖症、心脏病、身体的慢性炎症,而这些疾病都可能让人的免疫系统长期受损。

能量感会影响我们如何看待自己的能力边界、如何看待外界对我们施加的影响,自己面对挑战时,是把它看成机遇还是对自己的攻击,应该选择迎战还是逃跑。

能量感会影响我们在多大程度上允许自己喜欢自己、为自己争取权利，允许自己跟别人不同，尊重自己的情绪和需求并敢于表达和承担反对的压力。

所以，提升自我能量感的意义，远远不止是帮我们成为精力充沛的人，远离低迷状态而已。

它更大的意义在于，**它可能从根本上影响我们看到怎样的世界、如何思考世界、如何与世界互动**。从能量洼地里走出来，提升能量感，会让曾经看来极为困难的事变得容易，让不可逾越的挑战变得普普通通，让令人焦灼的事情变得令人振奋。

在你的能量感进入低谷的时刻，永远要记住，骑上一匹高能量的马，你所看到的世界将会大不相同。

> 🖊 要点：
>
> 能量感不仅影响一个人的工作状态，而且可能影响人所看到和感受到的世界。改变能量状态，你的世界也会随之改变。

如何面对持续打击个人能量感的"恶劣环境"？

有一些情境、组织环境或人群尤其会降低我们的能量感并缩小我们的影响圈。例如，爱抱怨的人、打击型的朋友、慢性愤怒者、高压型领导、控制型家长、惩罚型老师，以及缺乏人性关怀的组织文化、过于僵硬的组织制度、缺少正向支持和鼓励的组织环境等。

还有些时候，我们会遇见被别人 PUA 的情况。这时，你的能量感快速降低，你对自己越来越缺乏确定感，却误以为一切都是你自身的问题。

如果正在读这本书的你不幸正身处于某种恶劣环境之中，首先希望你能对这种剥夺你能量感的情境保持警觉和敏感，并意识到**是你所处的环境出了问题，而不是你自己出了问题。**

一个好的领导者、上司、老师，一定是能够赋权（empower）他人和调动他人能量感、去帮别人扩大影响圈的人，而不是肆意挤压别人的影响圈、不顾及别人的个人成长、不断打压别人能量感的人。

如果你有选择，就去跟能赋权别人的上司工作，远离任何长期挤压你影响圈的人，哪怕后者能为你提供优渥的经济回报。在获得经济补偿的同时，你要知道你出卖的是自己影响圈的边界，是能量感获取的健康路径，其结果必然是得不偿失。

当你没有选择、不得不长期待在某种影响圈被挤压的状态时，要学会使用"课题分离"的方法，尽力明晰什么是"我的事"，什么是"他的事"。

简单来说，所谓"我的事"（my business），是指我们自己能直接控制和负责，并由我们自己承担后果的事；所谓"他的事"（others' business）是指那些归根结底属于别人所有、由别人控制和负责、其后果也由别人承担的部分。

例如，在一次论文比赛中我尽了多大力去准备、如何设计论文和呈现论文，这是"我的事"；而竞争对手的作品怎么样、评委看重什么标准、有没有给予我奖项，这些显然不在我的控制范围内，因此是"他的事"。

如果一件事是"我的事"，那么就要充分做好我的选择，并准备好为该选择承担后果。如果一件事是"他的事"，那么就不要为他忧虑或揣摩他的心思，而明白自己无法从根本上决定他的选择。

"课题分离"的方法能帮我们保持清醒，减少无谓的焦虑，并保护自己在最小范围内受伤、在更大范围内胜利。在这方面，心理学家阿德勒与作家拜伦·凯蒂都在其作品中有非常精湛详细的阐述，值得系统性阅读。

分清"我的事"和"他的事"，实际上是重新厘清自己影响圈的边界，活在"事实"中而不是"想象"中，从而把属于自己的能量感拿回来，重新确认你所拥有的影响力范围。

例如，上司给你安排了一件你很不想做，并且对客户利益有负面影响的任务，你很纠结，似乎不得不做一件跟自己价值观不符的事。这时你可以想到，"安排给你工作"是你上司的事儿（others'business），你决定不了上司怎么想、怎么做——那是他的事。而你接不接受这份任务、如何承担接受或不接受该任务所产生的结果——这才是你的事。

再如，导师给你安排了任务量过重的科研指标，已经超出了你合理的承受范围——当能量感急剧下降的时候，你可以想到，"安排给你科研指标"是导师的事（"他的事"）。而是不是接受该任务、是不是跟他表达不同的意见、是不是选择换导师甚至换学校，还是选择继续做科研，并承担任何一种选择所带来的后果，这些都是"我的事"。

人在恶劣环境中容易不断交出自己的影响圈范围、不断交出能量感，最后形成了习惯，慢慢误以为自己"毫无选择"——事实上，人很少真的毫无选择。

看看纳粹集中营幸存者对人生的看法，你会惊叹于自己其实有这么大的影响圈，却视而不见。无论是维克多·弗兰克尔的《活出生命的意义》，还是伊迪丝·伊娃·埃格尔的《拥抱可能》，都不约而同地劝导我们看到自己在意识层面和行为层面拥有多么大的选择权。这些著作提醒我们，即便身处于最极端恶劣的环境之下，如果我们能分清"我的事"和"他的事"，便能由此生出正见，专注在自我能改变的事情上，而接受那些不能改变的事情。

即便人的能量感在极端恶劣的环境下被挤压到最低，如果能客观地认清自己能做什么、不能做什么,哪些是"我的事",哪些是"他的事",那么你依然可以凭借从自我影响圈生出的能量感来保护自己,并且在有机会的时候尽快离开恶劣环境。

> ✏️ 要点:
>
> 当你感到能量感被持续剥夺,首先要意识到哪些是环境的问题,哪些是自己的问题。可采用"课题分离"法,厘清自己影响圈的边界。

与一切能提升你能量感的人和事在一起

如果你在生活中能够以个人能量感为重要依据进行决策、规划、行动，持续地产出而非陷入空想和内耗，并能跟一切增加你能量感的人和事在一起——那么祝贺你，你的能量感系统正在良性运转。

希望这本书让你看到，能量感对一个人极为重要。我们应该关注自己能量感的变化，重视自己的能量感提升，避免掉进能量洼地。

在有选择的时候，我们还应该跟一切能增加自己能量感的人和事在一起。具体来说，这意味着：

- **选择那些让你增加能量感的工作**——如果工作成为你的长期忧虑和压力来源、过于重复或枯燥、严重缺乏可掌控的空间，甚至成为你的心病，那么你应该去选择更能为自己增加能量感的工作。
- **选择那些增加你能量感的人**——如果你身边的朋友、同事、同学甚至家人总是让你感到自己不够好，每次相处后都让你更不喜欢自己，让你更担忧、更挫败、更无助，那么你可以试试减少跟他们的相处时间，选择多花时间跟更能激励你、让你更有干劲的人在一起。
- **选择那些增加你能量感的事物**——在生活中，有选择的情况下，多做让自己兴奋、有干劲、做完之后有成就感、对自己感觉更好的事，扩大那些专属于你的兴趣爱好，去探索、去享受，在生活中始终拥有能使你"活起来"的事。

总之，要敢于去选择能增加你能量感的人和事，也要有勇气跟持续打击你能量感的情境说拜拜。

生于世间，我们本不是可以被统一定义的个体。每个人的能量感路径不尽相同，不可能人人都非常幸运地置身于有利于自己能量积累的环境中。我们的任务，是始终去寻找、探索让能量感增加的各种路径，呵护自己的能量感，让影响圈不断扩大，发挥天赋，成就自己。

因为当你无限靠近能量感，你也在无限靠近真正的自己。

多做你擅长的事，多跟欣赏你、看好你的人待在一起，多记录你的胜利和成长，多借助高能量群体的集体力量，多做让你自己发自内心骄傲的事，多通过服务更大的群体来提升自我价值感。

最后，多行动，多行动，多行动。本书的一切建议，都只能通过行动和外部反馈来发挥作用。迈出腿去面对现实世界，是增加能量感的唯一办法。

祝你找到自己的能量感路径，让它带你去真正想去的地方。

> 📝 **要点**：
> 在寻找能量感的路上，不断靠近真实的自己。

后记

在科技日益发达、生活节奏日益加速的现代社会，我们很少被提醒要珍惜和呵护个人的能量感，也很少想到失去了个人的能量感是件多么可怕的事情。

大多数日子里，我们被动地跟随着环境中的洪流打转，应付着从升学到找工作的各种压力，忙于追随大多数人的脚步，或是忙于用各种娱乐和社交来回避那些反复困扰我们的、有关生命意义的存在主义忧虑。

虽然在学校里受过多年教育、职业技能不断增长、经济和社会地位不断提升，但越来越多的现代人难以找到做事的乐趣、向前的动力、活力满满的日常状态。很多人不得不早早地放弃了一切跟"梦想"有关的想法，命令自己"冷静""理性"地做出每一个人生选择，确保走上那条看似最安全稳妥、最高效正确的人生道路。

但如果我们选择的都是过别人认为正确的生活，那么我们自己有没有真的活过？

如果我们不再能感到生命的动力和对未来的向往，又如何能体验生的快乐？

如果我们去工作只是为了充当工业化大机器里的一个小零件，那么我们为何越发难以忍受工作，甚至因此频繁怀疑人生的意义？

早在一百多年前，社会学家马克斯·韦伯就指出了现代社会如"铁笼"般对人性束缚和异化的趋势。这是工业化和现代化巨大的浪潮下，个体几乎无法回避的现实。管理学上的科学革命浪潮让全世界的组织重新界定和规训个体，每个人都不得不把自己塑造成工业化机器的一环，希望成为大厂里一枚有用的螺丝钉，人被跟自己的工作成果和成就感分离开来，不再能享有完整体验工作成果的快乐，甚至搞不清自己每天做的那些工作到底是否对外部世界产生了真实作用。这些因素无一不将人"异化"，与自己内心的真正需求隔离，与自己的能量感隔离。

而人绝不仅仅是经济社会中的一个"工具"。人之所以可爱，生命之所以有意义，是因为我们每个个体都不同，都充满灵性，都有不稳定和任性的时候，都有不标准的地方，都有自己的独特需求和柔软之处，都有自己的喜好和抗拒。这些东西在工业化的大机器中会被不断消磨，但对于我们个人而言，却是关系到自己是谁、能否充满活力地生活、能否体验到人生独特性和乐趣的关键因素。

几乎所有的抑郁、焦虑、沉沦、低迷等负面状态，都跟一个人无法舒展自己的能量有关；而无法舒展能量，又跟一个人长期偏离"自我"有关。例如，心理学中的自我决定理论提出，无论人处于哪种环境中，都需要满足自主(autonomy)、胜任(competency)、关系(relatedness)这三大跟"自我"有关的心理需求，才能实现心理健康。而治疗童年创伤和原生家庭创伤的大量研究指出，要彻底走出过去创伤带给个人的影响，就必须学会真正地从自己的感受出发来做判断、做决定、做拒绝、做取舍。

因为，如果偏离了自我感受、自我需求、自我动机，人也就偏离了生命能量的底层来源。因为无法获得能量感、持续处在能量洼地的人生是困顿的、封闭的、无法得到身心成长和健康发展的，从这个角度看，生命的本质就是自我能量的舒展。

希望本书能让更多人开始关注和保护自己的能量感。不再像严厉的教官一样，一味责备自己懒惰、缺乏毅力、不够自律，而是能够从自己的特质、需求、喜好出发，通过建立一个健康的能量感系统，真正找到想做事、喜欢做事的状态，从而实现自己的目标。

"能量感"是一个很好的入口，它从"感受"出发，也从"自我"出发，让你关注并重视内心的真实感受，重新审视"应该"和"不应该"的外界要求，重新回到个人标准，挣脱"对"与"不对"的教条和约束，找到对于自己而言正确的答案。因此，关注个人能量感的起伏、保护自己工作和生活中的能量感、以能量感为标尺来为自己做抉择，这些都是我们面对日新月异的时代洪流、无穷变化的内外压力时，人人都可以用来保持身心健康的可靠办法。

虽然本书中讨论了许多提升能量感的工具，但我希望读者感受到，了解这些工具本身并不是最终目的。对我们来说更重要的，是通过关注"能量感"这个概念、通过讨论获取能量感的方法，更好地珍惜自己。

所谓珍惜自己，是重视自己内心的真实感受与状态，发掘内心的真实渴望，重视自己底层的需求，然后依此做出符合内心需求的个人选择，并获得精通感、成就感、意义感。因为只有从自己的感受出发，才能找到做事的持续动力，而外在标准下的成功也会随之到来。

　　本书鼓励大家重视内心感受和保护个人能量感,并不意味着鼓励大家无视外界标准和主流选项;恰恰相反,最幸福的人往往是那些能够最好地调和个人需求和外界标准的人,而要达到这个状态,往往需要一段时间的摸索和反思,也需要拿出勇气和智慧。

　　然而,本书也想提醒大家,无论你处于怎样的环境、无论生存压力多么巨大、外界的标准多么单一,你都不应放弃对个人能量感的重视,不应忽视自己内心真实的声音,不应忘记自己的喜好和精通,也不应让外生动机全然挤走内生动机。带着这样的一份清醒,带着对自己内心感受的尊重,你就可以始终感到做事的热情与动力。

　　最后,愿阅读这本书的每一个你都能找到能量满满的状态,保持内心的渴望,并在行动中不断收获喜悦。

参考文献及推荐阅读

- *Having less, giving more: the influence of social class on prosocial behavior* by Piff, P. K., Kraus, M. W., Côté, S., Cheng, B. H., & Keltner, D. (2010). Journal of personality and social psychology, 99(5), 771.
- 《高效能人士的七个习惯》，[美]史蒂芬·柯维著，高新勇等译，中国青年出版社 2018 年出版。
- 《一念之转》，[美]拜伦·凯蒂 / 史蒂芬·米切尔著，周玲莹译，华文出版社 2009 年出版。
- 《被讨厌的勇气》，[日]岸见一郎 / 古贺史健著，渠海霞译，机械工业出版社 2021 年出版。
- 《5% 的改变》，李松蔚著，四川文艺出版社 2022 年出版。
- 《高能量姿势》，[美]埃米·卡迪著，陈小红译，中信出版社 2019 年出版。
- 《人生十二法则》，[加拿大]乔丹·彼得森著，史秀雄译，浙江人民出版社 2019 年出版。
- 《一生之敌》，[美]史蒂文·普莱斯菲尔德著，赵硕硕译，上海文化出版社 2024 年出版。
- *Do The Work* by Steven Pressfield, The Domino Project, 2011.
- 《强大内心的自我对话》，[美]伊桑·克罗斯著，吕颜婉倩译，中信出版集团 2022 年出版。
- 《文思泉涌》，[美]保罗·J. 席尔瓦著，胡颖译，上海教育出版社 2015 年出版。
- 《我们都是拖拉斯基》，[美]帕梅拉·S. 威格茨著，薛夏译，江苏文艺出版社 2012 年出版。

- 《巅峰表现》，[美]克林顿·O.朗格内克著，李鹏译，上海交通大学出版社 2002 年出版。
- 《数字极简》，[美]卡尔·纽波特著，欧阳瑾译，九州出版社 2024 年出版。
- 《身心合一的奇迹力量》，[美]提摩西·加尔韦著，于娟娟译，华夏出版社 2013 年出版。
- 《贪婪的多巴胺》，[美]丹尼尔·利伯曼/迈克尔·E.朗著，郑李垚译，中信出版社 2021 年出版。
- 《快乐竞争力》，[美]肖恩·埃科尔著，郑晓明译，中国人民大学出版社 2012 年出版。
- 《搞定》，[美]戴维·艾伦著，张静译，中信出版社 2016 年出版。
- 《拖拉一点也无妨》，[美]约翰·佩里著，苏西译，浙江大学出版社 2013 年出版。
- 《5 秒法则》，[美]梅尔·罗宾斯著，李佳蔚译，湖南文艺出版社 2018 年出版。
- 《刻意练习：如何从新手到大师》，[美]安德斯·艾利克森/罗伯特·普尔著，王正林译，机械工业出版社 2016 年出版。
- 《人人都在晒，凭什么你出彩：玩转社交网络的 10 堂创意自修课》，[美]奥斯丁·克莱恩著，张舜芬/徐立妍译，北京联合出版公司 2015 年出版。
- 《事实》，[瑞典]汉斯·罗斯林/欧拉·罗斯林/安娜·罗斯林·罗朗德著，张征译，文汇出版社 2019 年出版。
- 《原则》，[美]瑞·达利欧著，刘波/綦相译，中信出版社 2018 年出版。
- 《巨人的工具》，[美]蒂姆·费里斯著，杨清波译，中信出版社 2018 年出版。
- 《终身成长》，[美]卡罗尔·德韦克著，楚祎楠译，江西人民出版社 2017 年出版。
- 《活出生命的意义》，维克多·弗兰克尔著，吕娜译，华夏出版社 2010 年出版。
- 《自控力：和压力做朋友》，[美]凯利·麦格尼格尔著，王鹏程译，北京联合出版公司 2016 年出版。

反倦怠能量站

作者 _ 刀熊

编辑 _ 周喆　　装帧设计 _ 朱大锤　　主管 _ 木木
技术编辑 _ 顾逸飞　　责任印制 _ 梁拥军　　出品人 _ 贺彦军

营销团队 _ 果麦文化营销与品牌部

果麦
www.goldmye.com

以 微 小 的 力 量 推 动 文 明

图书在版编目（CIP）数据

反倦怠能量站 / 刀熊著. -- 南京：江苏凤凰文艺出版社，2025.6. -- ISBN 978-7-5594-9608-9

Ⅰ.B848.4-49

中国国家版本馆CIP数据核字第2025QH0426号

反倦怠能量站

刀熊 著

责任编辑	白 涵
特约编辑	周 喆
出版发行	江苏凤凰文艺出版社
	南京市中央路165号，邮编：210009
网　址	http://www.jswenyi.com
印　刷	河北鹏润印刷有限公司
开　本	1230毫米×880毫米　1/32
印　张	6.5
字　数	139千字
版　次	2025年6月第1版
印　次	2025年6月第1次印刷
印　数	1—6,000
书　号	ISBN 978-7-5594-9608-9
定　价	55.00元

江苏凤凰文艺版图书凡印刷、装订错误，可向出版社调换，联系电话：025-83280257